图解人工智能大全

[日]古明地正俊　长谷佳明　著

苏霖坤　译

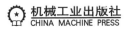
机械工业出版社
CHINA MACHINE PRESS

本书由日本著名人工智能（AI）研究机构首席研究员和高级研究员撰写。作为 AI 的入门读物，本书旨在以简单易懂的语言向专业人士和普通读者介绍 AI 的基础、前沿的商务案例，以及 AI 系统构筑的注意事项等相关知识。考虑到有些读者可能不具备相关的专业知识，本书使用了大量图片，以帮助读者理解文字内容。

本书的主要内容包括 AI 的发展历史，语音识别、图像识别、自然语言处理等 AI 技术，AI 在零售、金融、汽车、医疗、制造等各行业中的应用，开发 AI 系统所需的工具，AI 开发中尤为重要的知识产权问题，CNN、RNN、深度强化学习等具有代表性的方法，AI 对就业及人类能力的影响，以及目前人工智能企业及其擅长领域的鸟瞰图。

本书适合所有对人工智能感兴趣的读者阅读，也可作为从事人工智能开发工作的入门书。

ZUKAI JINKOCHINO TAIZEN:AI NO KIHON TO JYUYOJIKO GA MATOMETE ZENBU WAKARU by Masatoshi Komeichi , Yoshiaki Nagaya
Copyright © 2018 Nomura Research Institute, Ltd.
Original Japanese edition published by SB Creative Corp.
Simplified Chinese translation rights arranged with SB Creative Corp., through Shanghai To-Asia Culture Co., Ltd.

北京市版权局著作权合同登记　图字：01-2020-4412 号。

图书在版编目（CIP）数据

图解人工智能大全 /（日）古明地正俊，（日）长谷佳明著；
苏霖坤译. — 北京：机械工业出版社，2021.11

ISBN 978-7-111-69706-0

Ⅰ.①图… Ⅱ.①古… ②长… ③苏… Ⅲ.①人工智能–图解
Ⅳ.①TP18–64

中国版本图书馆CIP数据核字（2021）第244724号

机械工业出版社（北京市百万庄大街22号　邮政编码100037）
策划编辑：母云红　　　　　　责任编辑：母云红　王　婕
责任校对：史静怡　李　婷　　责任印制：李　昂
北京联兴盛业印刷股份有限公司印刷

2022年1月第1版第1次印刷
140mm×203mm·8.75印张·163千字
标准书号：ISBN 978-7-111-69706-0
定价：89.00元

电话服务　　　　　　　　　网络服务
客服电话：010–88361066　　机　工　官　网：www.cmpbook.com
　　　　　010–88379833　　机　工　官　博：weibo.com/cmp1952
　　　　　010–68326294　　金　书　　　网：www.golden–book.com
封底无防伪标均为盗版　　机工教育服务网：www.cmpedu.com

前　言

AI 的商业应用不断扩大

人工智能（AI），正如其名，是一种通过人工手段使机器拥有人类才智和智能的技术。近年来，AI 技术快速进化，并开始出现在以往认为难以应用的各领域中。

图像、语音识别、机器翻译等自然语言处理的各种 AI 经由智能手机和智能音箱等设备出现在了我们的生活中。与此同时，AI 在商业上的应用也在急速扩大，随着 AI 的普及，我们的生活正面临着巨大的转折期。

AI 所带来的商业变革

美国互联网技术（IT）专业调查公司 IDC 称，2016 年 AI 支出约 60 亿美元，其中 1/4 来自金融机构。在金融领域，高盛曾通过证券交易的自动化，将 600 名操盘手（平均年薪 50 万美元）削减到了 2 名。为实现更高效率和成本削减，在 AI 上的投资正在不断加速。

在日本国内，工程机械制造商小松公司开发了 KOMTRAX 系统，通过安装在公司产品上的传感器即可远程确认机械的信息，为用户提供预防维护和节能操作支援等新的服务业务。

此外，美国金融巨头 Capital One 也在积极推进使用 AI 服务，重新将自己定位为一家 IT 企业。

如上所述，AI 的应用对多个行业的商业变革产生了重大影响。可以说，商业的发展今后将迎来一个以 IT 和 AI 为主的时代。

日本的问题是 AI 人才不足

近期，谷歌、微软等大型云计算公司正在积极构建更有利于 AI 开发及使用的环境，以促进 AI 普及化。这项举措将让所有人能够更便捷地构建一些简单的 AI 系统。不过这样一来，企业就需要抢先开发人无我有的新技术来谋取商机。

为了使 AI 成为差异化竞争的武器，日本企业还有很多问题急需解决。其中之一就是 AI 人才问题。而在企业中，AI 人才不足的情况尤为严重。经过媒体的相关报道，人们开始认识到企业在 AI 开发方面存在大量人才缺口问题，但是对于"充分理解 AI 的特性并从事解决方案开发"人才紧缺的问题，仍未得到充分认识。

建立相关机制确保 AI 成为差异化竞争的武器

应用 AI 技术的服务及解决方案的开发，必须进行反复的实验。但是，一味地埋头苦干并不能提高生产力。只有通过录用合适的人才，并采取有助于开发的系统性方法论，才能实现高效的服务及解决方案的开发。

在日本，拥有研发传统的制造业更擅长这类工作。而在国外，从 2000 年初开始就出现了有关提高生产性的服务科学研究成果，金融和服务业等领域也在业务改善和服务开发方面进行着研发。

笔者认为，今后，为了在日本扩大 AI 的应用领域，有必要在所有行业和业态中建立相关机制，以推进这一新科技的技术应用。

第一步就是要求从事新商品及解决方案开发的商务人士以及企业经营者必须掌握与 AI 技术相关的知识以及研发方法。

本书的目的、主要内容和目标读者

本书作为读者了解 AI 的第一步，旨在以简单易懂的语言，向商务人士和普通读者介绍从 AI 基础到前沿的商务案例，以及构筑 AI 系统时的注意事项等相关内容。

考虑到有些读者可能不具备相关的专业知识，我们尽可能地采用了平实的语言。另外，本书还添加了很多图片，以帮助读者理解文字内容。

本书的主要内容：
- 从过去的 AI 热潮到现在的 AI 热潮。
- 语音识别、图像识别、自然语言处理等 AI 技术。

- AI 在零售、金融、汽车、医疗等各个行业中的应用。
- 开发 AI 系统所需的工具等相关信息。
- AI 开发中尤为重要的知识产权问题。
- CNN、RNN、深度强化学习等具有代表性的深度学习方法。
- AI 对就业及人类能力的影响。
- 现在的人工智能企业及其擅长领域的关系鸟瞰图。

本书的目标读者：

- 想从基础学习 AI 的读者。
- 想知道 AI 对社会和商业所带来何种影响的读者。
- 从事 AI 技术系统和解决方案开发的商务人士。
- 希望将 AI 运用到商业变革中的企业经营者。

希望本书能够加深各位读者对 AI 的理解，并为应用 AI 技术的商务变革和新解决方案的开发提供帮助。

古明地正俊　长谷佳明

目录

Chapter 3 改变社会结构：AI 的应用案例 / 097

第 1 章
AI 变迁与最新动向

目前，人工智能（Artificial Intelligence，AI）迎来了第三次热潮。在这次热潮中，AI 的商业应用迅速扩大，开始对社会产生巨大影响。

但是 AI 这一技术并不是最近产生的，而是源于以往研究开发的成果。本章将纵观 AI 的进化历程，带您回顾当今 AI 技术的核心——深度学习诞生的背景。

1.1

Basics and
new trends
of AI

绪论：AI 的进化与应用范围的扩大

AI，正如其名，是一种通过人工手段使机器拥有人类才智和智能的技术。近年来，AI 技术急速进化，开始应用于商业领域。

不断进化的 AlphaGo

2017 年 12 月 7 日，美国加利福尼亚长滩举行了名为神经信息处理系统大会（Neural Information Processing Systems，NIPS）的 AI 国际会议。NIPS 是神经科学和机器学习（当今人工智能的主流）的研究者大会，拥有超过 30 年的历史，是与 AI 相关的顶级研究发表的场所。

当天最大的看点是在深度强化学习[⊖]研讨会上，谷歌（Google）旗下的 Deep Mind 公司发布了其所开发的 AlphaZero。该场演讲的副标题是 "Mastering Games without Human Knowledge"，即"在没有人类知识的情况下掌握游戏"。

2016 年 3 月，Deep Mind 开发的 AI 围棋程序 AlphaGo（阿尔法围棋）打败了拥有世界顶级实力的韩国职业棋手李世石九

⊖　深度强化学习：参照第 5.4 节。

段，它当时就是利用了 AI 学习程序中约 3000 万人类棋手对战的棋谱（图 1-1）。但是，AlphaZero 却完全没有运用人类的知识，而是通过在不断地自我对弈中吸取经验来完成进化的。

这一进化方式，其实在 AlphaZero 之前，于 2017 年 10 月 19 日发表的 AlphaGo Zero 上就已经开始运用了。令人震惊的是，AlphaGo Zero 在没有运用人类知识的前提下，仅通过 3 天的自我对弈训练，就以 100 胜 0 败的成绩打败了曾经战胜李世石的 AlphaGo。

AlphaZero 是比 AlphaGo Zero 性能更高，且更为通用的 AI。在性能方面，AlphaZero 通过 8 小时的自我学习（相当于图

图 1-1　Deep Mind 公司网页：围棋

注：该图源自 https://deepmind.com/。

1–2 中 165 千步），就超过了 AlphaGo。

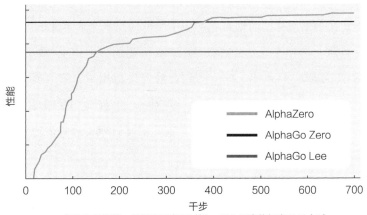

纵轴表示性能，横轴表示学习时间，100 千步约相当于 5 小时

图 1-2　AlphaZero 的性能

注：该图以 Mastering Chess and Shogi by Self-Play with a General Reinforcement
Learning Algorithm（arXiv：1712.01815v1）、DavidSilver 等为基础。

　　另外，AlphaZero 不仅战胜了围棋人工智能 AlphaGo Zero，
在与国际象棋和日本将棋冠军 Stockfish$^{\ominus}$和 elmo$^{\ominus}$的比赛中也取
得了胜利。AlphaZero 是一个超越了 AlphaGo，并且在没有
人类知识的情况下掌握了多种棋类游戏的高手级别的 AI（表
1–1）。

___

　　$\ominus$　Stockfish：从开源项目开发的国际象棋引擎。在 2013 年非官方世
　　　　界计算机国际象棋锦标赛上获得冠军。
　　$\ominus$　elmo：日本将棋计算机程序。在 2017 年的第 27 届世界计算机将棋
　　　　锦标赛上获得冠军。

表 1-1 AlphaGo 的变迁

版本	发布时间	对战成绩	特点	对战时使用的硬件
AlphaGo	2016 年 1 月	4∶1 战胜李世石	利用有段者的棋谱进行学习	176GPU 48TPU
AlphaGo Zero	2017 年 10 月	89∶11 战胜 AlphaGo Master[①]	不使用人类棋谱	4TPU
AlphaZero	2017 年 12 月	60∶40 战胜 AlphaGo Zero	1. 不使用人类棋谱 2. 除围棋外，在国际象棋及日本将棋的国际锦标赛中获胜	4TPU

注：来源于野村综合研究所。

① AlphaGo Master 是 AlphaGo 的改良版。

比 AlphaGo 早 1 年出现的 DEEP Q NETWORK

AlphaGo 中使用的部分技术源于在其出现的 1 年之前，为了创造一种能够学习太空侵略者（Space Invaders）以及打砖块等电子游戏的 AI 而开发出来的一系列技术。

命名为 DEEP Q NETWORK（DQN）的这一算法，在游戏一开始时，只能随机移动，很快就被敌人打倒了。但是，再持续玩 1~2 小时，通过反复的尝试后它便逐渐学会了打倒对手的方法。DQN 和 AlphaGo 一样，都采用了通过深度学习来识别游戏画面的技术，并且通过对手得分的动作分析出什么是好的动作，从而在游戏的过程中掌握强化学习的功能。DQN 的优点不是一个程序能够分别对应多个不同的游戏，而是这一程序是

一个学习型程序。它的通用性和自我学习能力虽然还远不及人类，但是实现这两个功能的技术正是 Deep Mind 所追求的"建立通用人工智能"的关键，DQN 确实实现了这两种技术。

Deep Mind 将很多游戏作为其研究对象。在 NIPS 深度强化学习研讨会上，Deep Mind 还发布了除了 AlphaGo 之外的其他信息。那就是他们要挑战"星际争霸（StarCraft）"游戏，该游戏是一个以宇宙为舞台的实时战略（Real-time Strategy，RTS）游戏（图 1-3）。

他们演讲的题目是"StarCraft Ⅱ: A New Challenge for Reinforcement Learning（星际争霸2：强化学习的新挑战）"。具体而言，Deep Mind 宣布将与游戏开发商 Blizzard 公司合作，打造一个由 AI 开发者来改善游戏的新环境。围棋与将棋、国际象棋等相比，棋局变幻莫测，有 10^{170} 之多的可能性，但星际争霸的复杂度预计将再乘以 10^{100}。对于这样复杂的研究对象，Deep Mind 希望能够实现一种实时构建、执行对战策略的 AI 技术。

图 1-3
StarCraft Ⅱ的打斗画面
©Blizzard Entertainment

AI 应用的扩大

AI 的应用不仅限于围棋等游戏世界，在现实世界中也在不断扩展。其代表就是 IBM 开发的 Watson。

Watson 是一个能够解释人类在对话中使用的自然语言，并且拥有一个能够基于自身积累的信息生成假说，以及具有学习功能的系统。

Watson 的登场带来的冲击丝毫不逊色于 Deep Mind 的 AlphaGo。Watson 在 2011 年登上了美国人气猜谜节目《Jeopardy!》，依靠其相当于 100 万册书籍和 2 亿页的百科全书海量文本数据，战胜了人类的冠军。

与 Deep Mind 不同的是，为了使该技术实现商业化，IBM 开展了一系列活动，包括与医院合作，尝试将其应用于医疗领域。2014 年 10 月，IBM 在纽约硅巷开设了 Watson 业务集团总部，同时在世界范围内开设了 5 个分部，命名为"Watson 客户体验中心（Watson Client Experience Center）"。

Watson 的功能是以自然语言处理为基础的，利用与人的对话和系统中积累的专业知识及业务知识，帮助人进行决策。在日本，Watson 多适用于金融机构，如瑞穗银行和保险公司 MS&AD 投资集团在呼叫中心业务中使用了 Watson 来辅助接线员的工作。此外，Watson 最近还常用于"聊天机器人⊖"等对话系统。

⊖ 聊天机器人：参照第 2.7 节。

AI 曾经历过两次热潮，目前是第三次。在过去的两次热潮中，由于其几乎不适用于商业，人们对 AI 的热情难以持续。而在第三次热潮中，像 Watson 这样的技术能够在商业中大展拳脚，因此 AI 应用的扩大指日可待。

AlphaGo 在开发初期只计划运用于研究，但其强化学习技术⊖优化了 Google 数据中心的冷却系统，为能源节约做出了贡献。此外，这一研发的成果并不只限于 Deep Mind。其研究结果以论文的形式公开，很多企业和研究机构都将这种方法应用在了商业中。

例如，强化学习技术被广泛用于自动驾驶、机器人控制、股票交易的战略制定及自动化执行等。与之前的 AI 热潮不同，现在已经建立起了相关机制，能够将最前沿的研究开发成果应用于商业领域。

但是，AI 进化和应用的扩大并不是只带来好的一面。随着 AI 技术的不断发展，人们开始担心 AI 会不会夺走人类的工作。比如，如果自动驾驶汽车得到了普及，那么出租车、货车等运输业从业人员是否会失去工作。本书将揭示 AI 到底是一种什么样的技术，并探讨它对我们的生活、商业以及社会会产生怎样的影响。

⊖ 强化学习技术：参照第 5.4 节。

1.2　AI 的历史：AI 热潮的变迁

人们普遍认为 AI 曾经历过两次热潮，现在迎来了第三次热潮。
下面我们将回顾 AI 的历史，了解 AI 到底是什么。

AI 到底是什么——通用人工智能与特定人工智能

现在还没有任何一种技术能够实现与人类智能同等的构造。
Deep Mind 公司开发了 AlphaGo，该公司的创始人戴密斯·哈萨比斯（Demis Hassabis）试图通过将机器学习与脑神经科学相融合，以此来实现一种能够与人类一样，对各种各样的问题进行知性判断的通用人工智能（Artificial General Intelligence，AGI）。

如今被称作 AI 的技术，虽然在自动驾驶和棋类等特定条件下能发挥出人类同等以上的知识能力，但是并不具有通用性。我们将这种只针对特定任务的 AI 称为特定人工智能。

很多特定人工智能中所使用的是至今几次 AI 热潮中培育出来的各种技术。

AI 这个词的定义有些模糊，这是因为，AI 并不是单一的一项技术，而是多个技术的集合体。

人们原本认为，通用人工智能和特定人工智能以及其他自动化技术应该分别讨论，但是，以往单纯属于自动化或大数据分析范畴的技术，现在越来越多地趁着 AI 这股热潮给产品和服务戴上了 AI 这顶帽子。

AI 热潮的历史

AI 这个词诞生于第一次 AI 热潮之时。1956 年在美国达特茅斯会议上，当时达特茅斯大学数学系助理教授约翰·麦卡锡（John McCarthy）将像人一样思考的机器命名为"人工智能"。由于现在的电子计算机的原型之一 ENIAC 诞生于 1946 年，因此我们可以说，AI 这一概念是在电子计算机的起步期就开始存在了。

当时的研究者们试图通过被称为推论、探索的技术要素，实现与人类相当的智能。但是，最终只能解决拼图以及一些简单的游戏，几乎没有实用性的成果。那时研究的课题都是一些明确规定了规则和制约条件的理想化的"玩具问题（初级问题）"。因此，AI 到了 20 世纪 70 年代便陷入了低潮。

第二次 AI 热潮发生在 20 世纪 80 年代。这一时期，研究人员教给了机器专家级别的专业知识，以此作为规则，研发了能够解决问题的"专家系统"。那时虽然也曾出现成功应用于商业的案例，但是适用范围有限。最终热潮渐熄，又一次陷入低潮。把规则教给 AI 的难度，超乎了我们的想象。

尖端机器学习的实用性，是助推当今第三次 AI 热潮的原动力。所谓机器学习，就是使计算机通过学习大量的数据，能够像人一样识别声音和图像，做出最恰当的判断的技术。

这一想法并不是刚出现的，其原型早在 20 世纪 60 年代第一次 AI 热潮时就已经出现。但是，在机器学习达到实用水平之前，需要人们花费大量的时间。这是因为，机器学习需要大量的训练数据和庞大的计算机资源。

在 21 世纪初期，人们终于把构建大数据的成本控制在了可以接受的范围内。由此，获取大量训练数据的工作才变得便捷起来。

引领第三次 AI 热潮的机器学习技术，其实蕴含着多种方法。其中最受关注的是"深度学习"。深度学习，是一种利用模仿人类大脑的"神经网络"来进行大量数据学习的技术。

"神经网络"的想法其实可以追溯到很早以前，但现在实现深度学习的主流方法是在 2006 年出现的。

图 1-4 展示了人工智能（AI）的发展历史。

依然活跃的推论与搜索

始于 20 世纪 50 年代的 AI 研究产生了许多方法和技术，其中许多技术仍在为我们所用。例如，在第一次 AI 热潮期间诞生的搜索技术经历了多次演变，如今与强化学习一起，成为

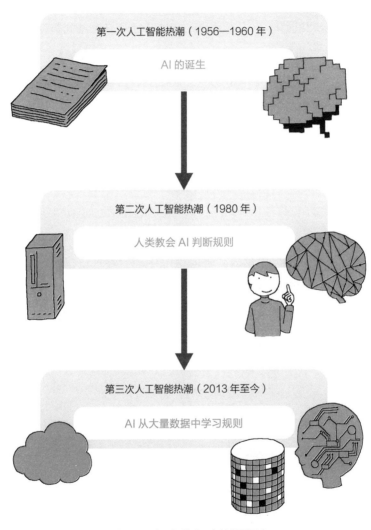

图 1-4 人工智能（AI）的发展历史

实现 AlphaGo 的主要技术。

在了解什么是搜索之前，让我们先看一下比围棋更简单的
三行三列的井字棋。在井字棋中，我们可以利用搜索树的方法
来查找下一步该怎么走。

搜索树是一种将某一状态下所有可能选项以树的造型呈现
出来并进行搜索的方法。以井字棋为例，如果现在的棋面形势
为图 1-5 中的状态 A，那么下一步的棋面形势有 5 种可能性。
而最左侧的状态 B，下一步的棋面形势有 4 种可能性。在井字
棋中，我们将所有的棋面形势从第一步开始统计下来，共有
5478 种招式。

因此，如果预先搜索出了所有招式，那么就可以轻松应对
所有局面，从而赢得比赛。

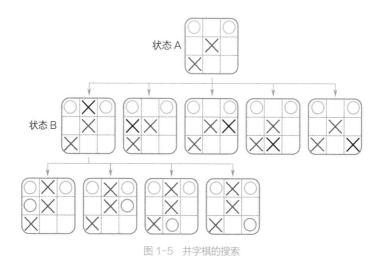

图 1-5　井字棋的搜索

　　但是围棋和日本将棋的棋面形势非常复杂，很难通过这种方法取胜。

　　围棋的棋面有 10^{170} 种可能性。如此庞大的数据，即使是使用超级计算机也难以应对。因此，对于围棋和日本将棋，我们一般能做到的就是遵循某一个方针，只针对有可能获胜的招数进行深度探索。

　　AlphaGo 采用的是蒙特卡洛树搜索技术。蒙特卡洛树搜索，不像前面介绍的那样进行地毯式的全面搜索，而是会随机出招，直到游戏即将分出胜负。在对每个状态重复此过程后，重点搜索获胜可能性最大的路线。顺便一提，蒙特卡洛这个名字是以摩纳哥公国的蒙特卡洛区命名的，该区以赌场闻名。在模拟等方法中利用随机数和随机性时，经常使用此名称。

　　现在，依然活跃的传统技术不只是搜索，还有基于规则的AI。它是第二次 AI 热潮的核心技术，现在被广泛应用于发展蓬勃的聊天机器人和语音终端中。

　　此外，第三次 AI 热潮的特征之一，就是将这些传统 AI 技术和方法与深度学习相结合的应用越来越多。比如，强化学习和生成模型的方法并不是新技术，但是通过将它们与深度学习相结合，催生了诸如深度强化学习和深度生成模型$^{\ominus}$ 的方法。传统技术升级后再次为人们所用，也是此次 AI 热潮不容忽视的一点。

　　$\ominus$　深层生成模型：参照第 5.3 节。

1.3 第三次 AI 热潮的重要角色：深度学习的诞生

Basics and
new trends
of AI

> 深度学习现在已经成为 AI 的代名词，但是实现之路却并不顺利。几十年前，深度学习研究还只是 AI 研究的一小部分。

对感知器的期待与挫折

深度学习是一种模仿人脑结构的 AI。这种模仿人脑结构的人工智能研究始于 20 世纪 40 年代。其中，美国心理学家弗兰克·罗森布拉特（Frank Rosenblatt）于 1957 年发明了感知器，它是一个能够模仿人类视觉和大脑功能的神经网络，引发了人们的关注。虽然配置只是由输入层和输出层组成的简单神经网络，但是可以通过学习来实现模式识别⊖。

图 1-6 所示为神经网络的工程模型示例。在模式识别的情况下，模式识别目标的特征量 x_i 被输入输入层，然后，乘以对应于神经细胞之间的连接强度的权重 ω_i 后，输入输出层中的神经元。

⊖ 模式识别：从图像、声音等数据中提取意义或对其进行分类。

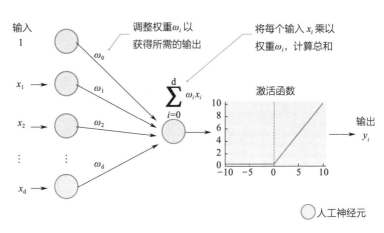

图 1-6 感知器

　　输出层中的神经元将所有输入值相加，计算总和。然后，通过激活函数传递的总值就是该输出神经元的最终输出。激活函数的类型很多，在早期的感知器中，如果输入的是正值，则输出为 1；如果输入的是负值，则输出为 0。

　　为了使用神经网络识别模式，神经网络需要对输入值和输出值的训练样本进行学习。学习过程中，为了使每个输入都具有与训练数据输出相同的值，神经网络始终在不断调整权重值 ω。例如，如果要将长度和重量作为特征来识别小狗，那么就需要不断调整 ω 的值，以使输出为 1。

　　感知器一度受到了广泛的关注，但在 1969 年，人工智能学者马文·明斯基（Marvin Lee Minsky）等人指出，简单的感知

器只能学习线性可分离（图 1-7）的事物[⊖]，因此这项研究热度
降了下来。换句话说，简单的感知器无法应用于线性不可分离
的复杂分布。

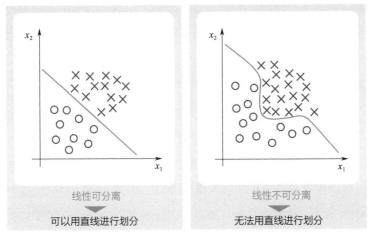

图 1-7　线性可分离与线性不可分离

后来，事实证明，可以通过在输入和输出层之间添加新
的隐藏层来解决此问题。此外，在 1986 年人工智能的第二次
热潮中，美国心理学家戴维·拉默哈特（David E. Rumelhart）
等人发现了"反向传播算法"，从而可以高速学习具有隐藏层
的神经网络。神经网络研究再次蓬勃发展。但是，后来由于
多层神经网络的学习精度难以提高，研究神经网络的热度再
次降低。

⊖　线性可分离的事物：当对存在于 x_1x_2 平面上的两组进行分类时，只
　　通过一条直线可以作为边界线进行分类。

神经网络生不逢时

当前的深度学习技术的原型是在 2006 年左右创建的。但是，其创建之路并不平坦。当今深度学习技术的领军人物杰弗里·辛顿（Geoffrey Hinton）教授曾在英国剑桥大学和美国卡内基梅隆大学就职，1987 年起就职于加拿大的多伦多大学。他是大卫·鲁姆哈特（David Rumelhart）"反向传播算法"论文的合著者，多年来一直致力于多层神经网络的研究。

辛顿教授选择多伦多大学的原因之一，在于加拿大高等研究院（CIFAR）提供的援助。然而，从 20 世纪 90 年代早期开始，神经网络领域的研究遭受非议，到了 20 世纪 90 年代中期，CIFAR 的援助终止。当时，关于神经网络的研究很难在学会上发表论文，也很难吸收优秀的学生进入研究室。

许多研究人员对神经网络的研究持否定态度的原因在于，神经网络之间的连接权重值很难优化。人们希望通过增加神经网络的层数来提高识别的精度，但随着层数的增加，要设置的参数数量也会增加，因此很难找到最佳值。

此外，在机器学习领域，一种叫作支持向量机[○]的机器学习方法在 20 世纪 90 年代初得以改进，并在线性不可分问题上表现出了优异的性能，这也对神经网络研究人员产生了不利影响。

　○　支持向量机：机器学习方法之一，适用于分类与回归分析。

深度学习的诞生

2004 年，情况发生了变化。CIFAR 再次开始援助辛顿教授等人的研究。虽然 CIFAR 每年援助的 40 万加元不是一笔很大的数目，但极大地推进了蒙特利尔大学教授约书亚·本吉奥（Yoshua Bengio）、纽约大学教授雅恩·乐昆（Yann LeCun）、斯坦福大学教授吴恩达（Andrew Ng）等当今深度学习技术奠基者们组成的项目组研究。

在 CIFAR 的支持下，2006 年，辛顿教授和他的团队开发了一种叫作自动编码器的方法（图 1-8）。自动编码器能够调整神经网络之间加权参数的算法，使神经网络输出层的值与输入层的值相同。

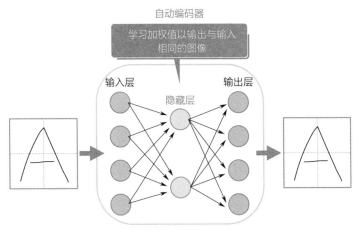

图 1-8　自动编码器

自动编码器的隐藏层中，人工神经元的数量小于输入层或输出层。由于输入和输出相同，自动编码器看似没有做任何有意义的动作，但隐藏层的人工神经元数量较少意味着信息在途中被压缩了。

因此，如果自动编码器能够将参数设置为向输出层输出与输入层相同的信息，那么神经网络就能很好地捕捉到输入数据的特征。这意味着神经网络本身实现了传统机器学习方法难以实现的特征提取工作。使用自动编码器获得的神经网络加权值，可以将模式识别的神经网络初始化，多层神经网络便能够捕捉目标的特征，从而最终实现高识别率。

自动编码器是实现神经网络算法的一大突破。这种多层神经网络的学习算法被称为深度学习。

此后，大数据让训练数据的获取更为便捷，加之图形处理单元（GPU）这一高速运算处理器的使用，进一步提升了深度学习的性能，使其在模式识别领域建立了压倒性的地位。

1.4　数据分析和模式识别：成人 AI 和儿童 AI

现在我们所说的 AI 技术，大致可以分为两个不同的应用领域：数据分析和模式识别。由于成熟度和使用场景不同，我们在使用时需要认识到其中的差异。

成人 AI 和儿童 AI

人类利用计算机和机器人来代替做许多工作，从而提高效率。就目前而言，从性能和成本上来看，计算机和机器人所做的工作是某些人类很难实现、但对机器来说很容易的工作。但是，有些工作对人类来说，哪怕是小孩子都能信手拈来的，机器却很难实现。

人工智能研究人员将这一现象命名为莫拉维克悖论。莫拉维克悖论是指，让计算机和机器人实现儿童能做的事，要比让其完成成人所做的事要难得多。

这个想法是在第二次 AI 热潮，也就是 20 世纪 80 年代，由汉斯·莫拉维克（Hans Moravec）、罗德尼·布鲁克斯（Rodney

Brooks）、马文·明斯基（Marvin Lee Minsky）等人工智能研究人员明确提出的。莫拉维克说："与让计算机接受智能测试或玩西洋跳棋相比，让其拥有一岁儿童水平的感知和运动技能则要更为困难或不可能实现。"

东京大学的松尾丰老师是人工智能研究的权威人士，他把AI分为"儿童AI"和"成人AI"（图1-9）。"儿童AI"是指儿童在成长过程中，像学会说话、抓住东西站起来这种从经验中学习到的智力活动的AI。而"成人AI"则是指人类利用专业知识以及大数据，能够设计出细节行为的AI。

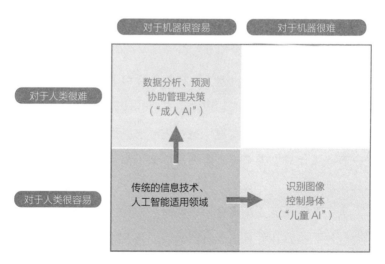

图1-9 "成人AI"与"儿童AI"

技术成熟的"成人 AI"

"成人 AI"通常用在数据分析和未来预测领域。举例来说，可以将其用于对顾客消费记录的分析以及门店所需商品的需求预测等。

这一技术以往多用于通过收集和分析企业内部积累的数据，来帮助相关人员进行管理决策。最近在大数据热潮的推动下，不只是企业内部的数据，通过来自企业外部以及从物联网（IoT）等各种设备获得的数据，甚至可以用来分析城市的功能。因此，其处理的数据量和类型也在不断增加。这一分析和预测技术，最初是为了处理大量数据而产生的。这些数据往往是人类难以处理的，比如商店的销售记录等。"成人 AI"处理的对象，主要是那些对人类来说存在困难，但对机器来说却轻而易举的内容。

近年来，"成人 AI"在技术方面取得了巨大进步。过去，企业中的数据分析是普通人难以胜任的工作，通常需要一位称为"数据科学家（Data Scientist）"的数据分析专家来完成，这些数据分析专家在分析方法方面具有深厚的专业知识，并且熟练掌握专用工具。然而，随着技术的进步，这种情况正在发生翻天覆地的变化。随着一种新的分析工具的出现，它让我们不再需要"数据科学家"，哪怕完全不懂分析方法，我们也可以像熟练的数据科学家一样进行分析。

美国的 DataRobot 就是"数据科学家"的代表。DataRobot 搭载多种数据分析算法，能够自动选择最合适的算法，并对其参数进行优化。

当然，不可否认的是，如果一个完全没有数据科学相关知识的人使用这一工具，则可能会出现一些比如分析数据偏差或者混合不同获取情况数据的低级错误。但是，如果具有一定的基础，那么通过使用这一工具，必然能够扩大原本门槛较高的数据分析的使用范围。

本次热潮的特点："儿童 AI"

"成人 AI"的使用由来已久，而"儿童 AI"是近几年才开始在实用层面上使用的。"儿童 AI"就是实现莫拉维克悖论中所说的以往机器难以从事的工作的 AI。

而此次 AI 热潮的最大特点是，通过深度学习等尖端机器学习的技术实现了"儿童 AI"。

"儿童 AI"使得各种以往被认为是只有人类才能完成的工作陆续得以实现。例如，在围棋中击败世界冠军的 AI、利用摄像头和传感器获得信息的自动驾驶汽车、用两条腿行走的机器人，以及能够自己构建室内地图打扫卫生的扫地机器人等，这些在以前是痴人说梦的事情都成为可能。

而且，机器和计算机的速度远超人类，还能 24 小时 365

天不休息连续工作，不会因为疲劳而失误，这一点也比人类具有优势。但是，机器却依然很难完成"叠衣服"等工作（图1-10）。总体来说，它就像是蹒跚学步的孩子，对其今后的进步空间，我们可以充满期待。

机器不擅长叠衣服　　　　　　　　人类很轻松就能叠好衣服

图 1-10　目前机器很难完成的工作

此外，在融入新技术上，"成人 AI"和"儿童 AI"也有很大区别。就"成人 AI"而言，工具供应商会积极将新技术融入工具中，用户在不知情的情况下就会享受到最新技术带来的好处。

而"儿童 AI"的技术开发则是由大学和企业研究机构带动的。因此，最先进的技术会以论文的形式公开，任何人都可以阅读。但是，如果你没有读懂论文，无法自己使用深度学习平台实际操作，那就难以从中受益。从图像中识别物体以及机器翻译等一些"儿童 AI"正在商品化[○]，并逐渐走进我们的生活。

　　○　商品化：商品和服务变得普遍化，难以实现差异化。

然而，要想熟练使用尖端技术，解决公司面临的问题，专家的参与是不可或缺的。

人脸识别

2017 年苹果（Apple）iPhone X 上使用了人脸识别技术。与人脸识别类似，将身体的一部分用于身份识别（身份确认）的技术称为生物识别。生物识别并不是一项新技术，但它所应用的场景和设备一直很有限。但是，随着与智能手机的结合，它将成为替代密码的新型认证技术，使用范围也将不断扩大。

iPhone X 搭载的名为"Face ID"的人脸识别功能，使用的是红外线照射装置和红外线摄像头。这一功能称为"TrueDepth 相机"，它可以使用 3 万多个点来提取人脸的立体结构。

Face ID 没有公开详细的验证算法，但其采用了机器学习的技术，具备能够伴随客户的使用不断提高身份验证准确性的功能。人脸特征提取也用到了 AI，但是并不会使用云端，而是在 iPhone X 内部进行处理。此外，为了提高安全性，面部特征信息被加密存储在 iPhone 内置的专用芯片中，无法取出。

苹果之所以能够将 AI 功能融入 iPhone X 中，与技术的创新有关，详细内容会在本书 2.9 节"AI 设备"中介绍。iPhone X 内置了一款名为 A11 Bionic 的芯片，可以快速执行机器学习等处理。目前，手机厂商与半导体厂商等企业在此类芯片的研发上竞争十分激烈。今后，除了智能手机之外，其他设备也将会配备这种芯片。

Chapter

第 2 章
模仿人类的大脑：
AI 基础知识

Basics and new
trends of AI

2

　　近年来，语音识别和图像识别等 AI 带来的
服务性能的提升，均得益于以深度学习为代表的
尖端机器学习技术。本章将从机器学习开始，为
大家介绍 AI 带来的最新技术。此外，还将探讨
AI 对传感器和机器人等相关领域的影响以及未来
的发展。

2.1 ▶ 当前 AI 的核心技术：机器学习

机器学习是当前 AI 技术的核心，与基于规则的 AI 相比，它的特点是适用领域更广。较为常见的如通过预测顾客的需求来推荐商品，以及顾客对店铺商品的需求预测等。

什么是机器学习

机器学习是一种通过训练数据构建算法和模型来完成预测和分类等任务的方法，它是当前 AI 热潮的核心技术，深度学习也是机器学习的一种。机器学习的方式大致分为 3 种，即监督学习、无监督学习和强化学习（图 2-1）。

监督学习的训练数据包括输入和正确答案。其典型工作任务是"分类"和"回归"。分类是指将输入的图像准确划分到事先给定的类别里，如是狗还是猫，狗或猫均为正确答案；回归指的是像输入气温来预测冰淇淋销量这样的任务。

无监督学习的训练数据只有输入数据，没有正确答案。其典型工作任务是聚类。聚类是将具有相似特征的事物分成同一组，如根据年龄、性别、消费倾向等属性，将顾客分为几组（图 2-2）。

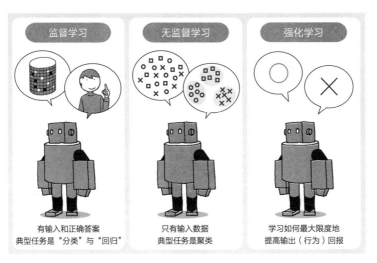

图 2-1　机器学习的方式

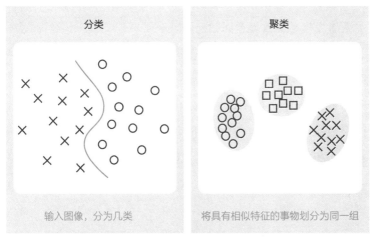

图 2-2　机器学习任务

强化学习的训练数据也只有输入，但根据输出（行为）的好坏，奖励会有所不同。通过不断地优化算法和模型，来使未来获得的奖励达到最大。强化学习被用于机器人控制和以AlphaGo为代表的游戏中。

机器学习的实际情况

这里以回归问题为例具体介绍一下机器学习。回归问题是用统计方法构建一个模型来表示输入数据和输出数据之间的关系。

例如，气温和冰淇淋销量之间的关系如图 2-3a 所示。我们可以把过去的销售业绩数据作为训练数据，将销量和气温的关系建立模型，这就是回归问题。

实际的模型是用函数来表示的。在这个例子中，我们从图 2-3a 能够看出，随着气温的升高，销量呈增加的趋势。因为数据是直线上升的，所以我们使用最简单的函数——线性函数来创建模型。图中的每个点都是监督学习所需的训练数据。每一个训练数据都是一组销量和气温的关系，这是从过去的销售业绩中得出的。这些就是模型中的输入和正确答案。

构建模型意味着找到与训练数据误差最小的直线，如图

2-3b 所示。模型中使用的线性函数可以用表达式 $y=ax+b$ 表示。在这个表达式中，a 是直线的斜率，b 是直线与 y 轴相交点处的 y 值，称为 y 截距，a 和 b 均是表征直线的参数。因此，求直线相当于求直线的参数 a 和 b。

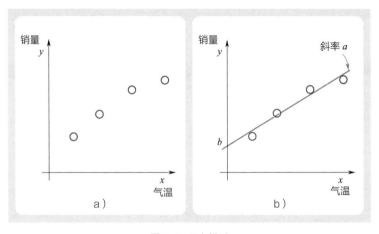

图 2-3　回归模型

机器学习算法的作用就是找到参数。调整模型的参数 a、b，以减小模型输出与训练数据输入的正确答案之间的误差（图 2-4）。这个参数的调整工作就是机器学习中的学习过程。如果模型输出与正确答案之间的误差足够小，则可以计算出在任何温度下的销量。这种利用模型来寻找未知输入的输出被称为推理或预测。

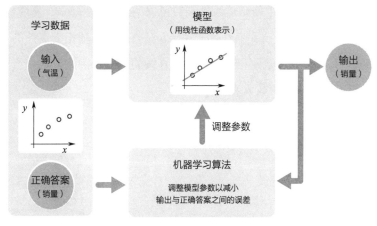

图 2-4　模型与机器学习算法

使用机器学习的注意事项

机器学习是一种非常实用的工具，但在整理训练数据和选择模型时，有一些需要注意的地方。这里介绍的是数据的偏差（图 2-5a）和模型的过拟合即过度学习（图 2-5b）。

机器学习是一种从数据中寻找规律的技术。因此，在构建模型时需要有一套完整的训练数据。那么，完整的训练数据指的是什么呢？其中一个指标就是训练数据的分布。

如图 2-5a 所示，如果需要预测的区域的分布与训练数据的分布存在偏离那是不行的。这是因为，训练数据缺少用于对需要预测的区域建模的信息。通常，训练数据和需要预测的区域必须是相同的分布。

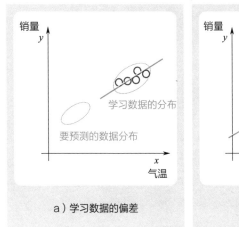 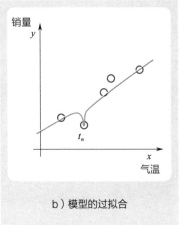

图 2-5　使用机器学习的注意事项

　　构建模型时需要注意过拟合。模型中使用的函数越复杂，训练数据的误差就越小。例如，前面的回归模型使用的是一次函数，但无法通过一次函数的模型来构建季节性的销售预测，这时就必须使用具有周期性特征的三角函数中的正弦函数来减小误差。

　　然而，如果函数过于复杂，则会产生如图 2-5b 所示的 t_n 情况，这是因为，过于跟随训练数据的不规则变化，导致泛化性能下降。为了避免由于过拟合导致的泛化性能下降，我们可以限制参数的大小，以此来避免模型中的函数复杂化以及模型过度捕捉细小的变化。

2.2

Basics and
new trends
of AI

促使 AI 识别能力飞速提升的技术：
深度学习

深度学习不同于传统的机器学习，它可以自行提取学习所需的特征。因此，它在没有人工干预的情况下，实现了传统机器学习无法实现的高性能语音识别和图像识别。

深度学习与传统机器学习的区别

深度学习是机器学习的一种，但与传统机器学习相比进步卓越。在传统的机器学习中，执行分类和预测等任务所需的特征是由人工给出的，而深度学习则可以从数据中自己提取特征。

人在对事物进行分类时，会下意识地利用一个确切的特征。例如，如果要区分红苹果和青苹果，我们会使用颜色信息作为特征。

然而，除深度学习之外的传统机器学习技术是无法自行提取用于分类的特征的，它需要人类给出指示，才能将颜色信息作为特征。这曾经是 AI 识别复杂对象的瓶颈。举例来说，如果要让 AI 识别人脸，就需要以一种 AI 能够理解的形式，预先告诉它"眼睛"和"嘴巴"形状上的细微差异。在很多复杂的任务中，教会 AI 识别正确的特征这件事本身就很难做到。因此，在传统的机器学习中，识别率难以实现突破以及实际性能无法实现的情况很多。

而在深度学习技术中，AI 会自动从海量数据中提取出分类等任务所需的特征，不必再由人工为其确定需要关注的特征，只要我们准备好训练数据，AI 就会在学习数据的过程中找到特征。图 2-6 所示为传统的机器学习和深度学习的区别。

能够从数据中学习特征的机制被称为"特征学习"。随着使用了特征学习的深度学习的出现，传统机器学习所遇到的瓶颈得以突破。

深度学习的工作原理

现在，让我们以识别手写字符为例，来了解一下深度学习的基本工作原理。

深度学习的组成部分是"人工神经元"，这是一种模仿（建模）第 1 章中所介绍的人脑神经回路结构的信息处理机制。深度学习中的"深度"，是指组成神经网络的层数很多。

图 2-7 中的神经网络由"输入层""隐藏层""输出层"三层组成。近来为了提高识别准确率，构建出超过 100 层的神经

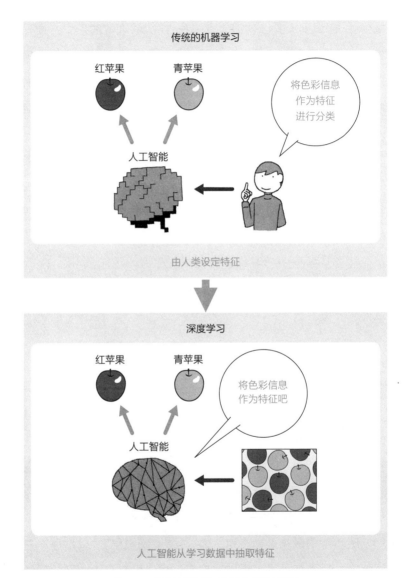

图 2-6　传统的机器学习和深度学习的区别

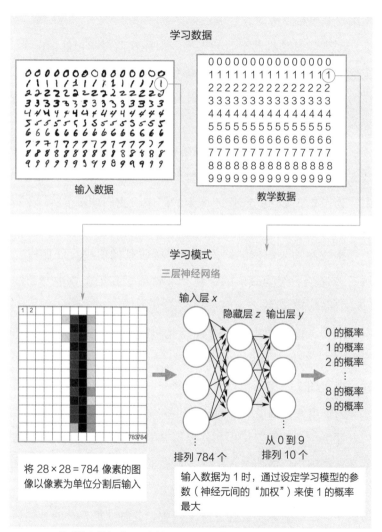

将"输入数据（手写字符的像素数据）"和"教学数据"的组合
作为"学习数据"，来训练学习模型

图 2-7　深度学习的行为

网络也是屡见不鲜的。

深度学习是机器学习的一种，因此在监督学习的情况下，我们要准备附有教学数据的训练数据。以识别手写字符为例，作为输入数据的手写图像数据以及作为教学数据的预期识别结果就是训练数据。

要让机器学习这一神经网络模型，首先要将手写的图像数据分割为像素单位，然后将每个像素值输入输入层。图 2-7 中，为了输入 28 像素 ×28 像素的图像，我们准备了共计 784 个"人工神经元"作为输入层，来输入每个像素的数据。

接收到输入数据的输入层会对接收到的值进行"加权"，然后传递给后级隐藏层的神经元。这就是在第 1 章中介绍的"人工神经元"的行为。

同样，隐藏层中的每个神经元将从每个输入层接收到的"加权值"相加，然后对结果进行"加权"并传递给后级神经元。由于图 2-7 中的模型为三层网络，所以隐藏层后段的神经元即为输出层。输出层的神经元将输出字符识别的结果。

深度学习的学习过程和其他机器学习一样，会通过调整内部参数使输出层的值与每个输入数据的正确答案数据相等。深度学习会对每个神经元的输入计算出一个合适的"加权"值，这就相当于参数调整。在深度学习中，这种"加权"的计算算法采取的是将误差从输出层反向传播来计算的"误差反向传播法"。"加权"的初始值由随机数或自动编码器设置，然后使用

"误差反向传播法"，逐步调整到适当的值。

为提高识别精度，"加权"值的调整是基于大量的训练数据进行的。任何输入数据都能够调整"加权"值，以减小输出层值和正确答案数据值之间的差异，从而创建出一个高性能的学习模型。

深度学习的应用领域

为了加深大家对深度学习特性的理解，我们将目前常用的 AI 要素技术及其应用领域以及开发、应用成本进行了梳理，具体如图 2-8 所示。

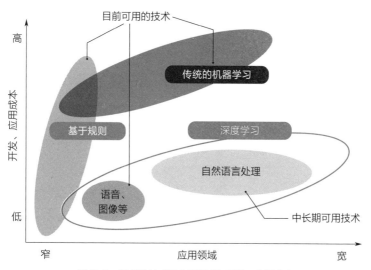

图 2-8　AI 相关技术及应用领域与开发、应用成本

基于规则的 AI，是人类试图通过将专家的专业知识描述成规则来实现的 AI。这项技术是在第二次 AI 热潮时用来建立专家系统的，但由于其建立规则的成本和建立过程的繁琐，并没有得到很好地推广。

深度学习诞生之前的传统机器学习，现在仍在应用于很多领域。但是，与基于规则的 AI 相比，它有一个缺点，那就是虽然应用领域更广，但由于需要人工来设计特征，这就导致了一些任务的开发和应用成本更高。

深度学习克服了传统机器学习的这些缺点，在语音识别和图像识别领域取得了不错的成果。但对于自然语言处理，却与语音识别和图像识别有差距。像 Apple 的 Siri 这种一问一答形式的简单会话以及机器翻译等方面，深度学习已经达到了实用水平，但在处理复杂的对话时仍然有很多难题。因此，在深度学习尚未达到实用水平的对话系统中，目前我们仍在使用基于规则的 AI。

2.3　语音生成为文本：语音识别

近年来，随着与智能手机的结合，语音识别得以迅速普及。现在，它已成为苹果的 Siri 和亚马逊（Amazon）的 Alexa 等智能助手操作时不可或缺的功能。

什么是语音识别

语音识别通常是指一种通过计算机将语音生成文本的技术。它可以替代键盘输入，直接将语音转换为计算机易于处理的数据。语音识别的历史可以追溯至 1952 年，以开发电话技术而闻名于世的贝尔实验室开发了一个以数字为对象的语音识别设备。

此后，美国国防部高级研究计划局（DARPA）自 20 世纪 70 年代起，一直致力于此项技术的研发。

语音识别应用不断扩大——智能音箱的出现

继智能手机之后，Amazon、Google 和 LINE 等公司推出的智能音箱设备备受关注（图 2-9）。

图 2-9　Google 的智能音箱

　　通过与用户交互，它可以播放音乐，还能够提供天气预报和交通信息等各种服务。智能音箱的真正价值在于其智能助手服务，它可以从语音识别得到的文本中提取说话人的指令，并忠实地完成指令，就像一个贴身服务的管家。

　　智能助理被打造为云服务，通过 API[⊖] 可以随时接受用户诉求。语音识别就是其所使用的技术之一。

　　但是，语音识别只具有从用户的话语中生成文本的功能，并不包含从文本中提取意图、根据目的进行工作的部分。这部分使用的是自然语言处理技术。自然语言处理是指，以从我们日常对话的口语到论文的书面语的自然句为对象，处理语言和文章含义的技术。

　　Amazon 和 Google 等公司向第三方开放了自己的智能助手API，使其成为其他公司也能够参与服务开发的平台。除了自

　　⊖　API：Application Programming Interface 的简称，即应用程序接口。API 能够按照服务提供商提供的方式调出和使用程序。

己公司的设备，像电视机、冰箱等其他公司生产的家电也能够集成到智能助手中。就像智能手机应用程序的爆炸式增长那样，今后，具备语音操作功能的智能设备将会越来越多。Amazon 和 Google 等平台运营商均认为这是一个继网络和智能手机后的新切入点，而第三方[⊖]借助这些平台也定能开拓出新的商业机会。

语音识别的工作原理

语音识别的主要工作原理是声学模型和语言模型[⊜]，声学模型模拟语言的声音特征，语言模型模拟语法特征，如单词的语序和句子的语义特征。

将输入的语音数据转换为易于处理的声学模型时，会使用发音字典作为辅助，将声学特征提取（声学分析）、声学模型（声音）和语言模型（单词）相结合。语音识别中深度学习的应用也在不断深入，其效果首先得到认可的是声学模型。

由于计算机设计出的深度学习模型能够从大量语音数据中获取分类所需的特征，所以人们开始使用深度学习的模型取代人工分析设计的模型。值得一提的是，即使在噪声环境中，它

⊖　第三方：对于某一公司开发的商品，作为第三方开发与其相关的产品的企业。

⊜　语言模型：除了语音识别之外，该技术还可以广泛应用于日语假名汉字转换引擎以及提高字符识别的精确度方面。

的识别准确度依旧很高，因此，它最先运用到了室外使用频率较高的智能手机语音识别服务中。

长期以来，人们一直使用的语言模型是 N-Gram[⊖]，即通过统计学方法对连续几个单词的排列顺序进行建模。但现在人们开始通过深度学习来预测单词语序，详细内容我们将在第 5.2 节中进行介绍。深度学习不再仅限于前后邻近的几个单词，而是可以通过输入句子特征预测语序的方法来提高预测的准确度。

End-To-End 模型的出现

在最新的语音识别的研究中，我们把原来分为声学模型、语言模型的两个模型，用一个神经网络的模型来实现。这种将多个模型的处理过程整合在一起的模型，称为 End-To-End（端到端）模型。

深度学习逐渐取代了过滤和转换等以前需要人工完成的有一定技术含量的调整功能，并且卓有成效。它的应用范围不断扩大，演变成了一个包含多种功能的模型。

从实用性的角度来看，使用表音文字[⊖]的英语已经开始使用 End-To-End 模式。由汉字等多个文字构成的日语属于表意

⊖ N-Gram：将字符串和文章用 *n* 个连续的文字进行切分的方法。如果 *n*=2，则称为 Bi-Gram；如果 *n*=3，则称为 Tri-Gram。

⊖ 表音文字：每个文字没有意义，只表示声音的文字系统。

文字[⊖]，与英语相比，虽然是一种很难学习 End-To-End 模式的语言，但这个发展方向并没有错误。语音识别的工作原理如图 2-10 所示。

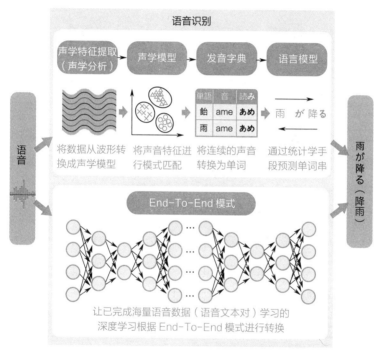

图 2-10　语音识别的工作原理

语音识别服务和相关技术分析及其未来

　　随着智能手机和智能音箱的发展，语音识别已经成为我们

　　⊖　表意文字：每一个字都具有一定意义的文字系统。

能够随时使用的技术之一。而在这背后，不仅仅是语音识别技术的快速发展，还有 Google 和 Amazon 等公司推出的语音识别服务的发展。

在比较各公司的语音识别服务时，有三个要点。

首先，我们需要考虑使用语音识别服务的场景。语音识别是一项人机互动服务，因此响应时间很重要。如果在我们输入后过了 10s 才收到回答，那么即使准确度再高，也不能说它实用。

其次，即使通过深度学习等提高了识别的准确度，但那些没有学习过的单词也很难被准确识别。例如，在通用的语音识别服务中就不包含公司特有的产品名称和措辞这些数据。因此，我们需要确定我们想要使用的服务和产品是否支持添加术语。

最后，虽说软件的技术进步了，但为了提高语音识别的准确度，传声器这一输入设备也不能忽视。为了提高识别率，必须有效地利用现有技术，比如通过使用定向传声器等来缩小拾取声音的对象，或者通过使用多个传声器从输入声音的定时偏差中指定声源位置来消除噪声等。

Amazon 开发的智能音箱 Echo，即使说话者在几米远的地方或者走来走去，也能非常准确地实现语音识别，据说就是在结合了软件的基础上，充分利用了内置的传声器。

Echo 的高端机型还有一个功能，就是它会朝着说话者的方向发光，来显示正在听取哪个方向的声音，人们可以以此确认它是否正在和自己讲话。可以肯定的是，语音识别服务除了软件技术之外，硬件传声器的设计也是不可或缺的。

语音识别以前曾经是一种名副其实的"限定场景"的技术，只有在特定说话人、噪声较小的地方才能准确识别。但是，随着深度学习的出现所带来的技术革新，以及智能手机带来的语音数据收集的便捷，语音识别成为一项可以在任何地方都能使用的技术，适用设备也从智能音箱不断增加。毫无疑问，它作为用户交互界面的重要性将会越来越大。

2.4　识别和理解图像的技术：图像识别

Basics and
new trends
of AI

深度学习最早就是应用于图像识别领域的。图像识别和人类视觉功能一样，能够从静止图像和动态图像中理解其内容，是实现自动驾驶的核心技术之一。

超越人类的物体识别能力

在深度学习的应用领域中，目前最受关注的就是图像识别。其契机出现于 2012 年举办的名为 ILSVRC（ImageNet Large Scale Visual Recognition Challenge）的图像识别竞赛。深度学习研究的开创者——多伦多大学的辛顿教授，以绝对优势摘得桂冠，他就是利用了深度学习，使错误率比原有方法的 27% 降低了 10% 以上。

ILSVRC 的比赛结果也在被不断刷新，2012 年的错误率为 16%，2015 年已经降到了 5% 以下。

人类处理 ILSVRC 任务的错误率大约为 5.1%，可以说在静态图像的图像分类这种简单任务中，深度学习已经实现了比人类更高的识别率（图 2-11）。

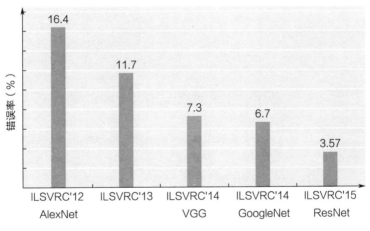

图 2-11　ILSVRC 的图像识别错误率逐年下降

最近，除了这种简单任务，对物体区域进行像素级分离的分割和动态图像处理领域的研发也在不断加快。

深度学习在图像处理中的应用预计将主要体现于制造业，如工业产品的检查和自动驾驶汽车的开发。因此，机器人制造商和汽车制造商也在这方面加大了资金投入。

目前，深度学习已用于工业产品检测、使用图像搜索商品、监控业务以及商店中顾客的属性行为分析等。在日本，丘比（kewpie）公司正在使用这项技术通过图像来检测是否有土豆发生变色变质问题。

YOLO 目标检测

早期的深度学习最常用于图像识别中的图像分类。图像分类是识别图像属于预先给定的类别中的哪一类的过程。比如，它能够通过图像来辨别是狗还是猫，还可以用于辨别工业产品的残次品。虽然图像分类技术现在仍在被广泛使用，但有些领域却需要更高级别的图像识别。

另外，实现自动驾驶必不可少的技术就是物体检测。物体检测不仅要对图像中存在的物体进行分类，还要确定其位置。为了实现自动驾驶，我们不仅需要识别出摄像头获得的图像中是否有行人或车辆，还需要在识别的同时，计算出每个对象的位置。这是因为，识别每个对象的位置对于转向和制动操作是至关重要的。

随着深度学习投入实际应用，人们尝试将深度学习应用于物体检测研究。在初期阶段，通过扫描特定窗口大小区域中的整个图像，可以搜寻出对象物存在的区域，并对该区域进行图

像分类。但是，由于该过程需要多次改变窗口大小进行扫描，所以处理时间较长。因此，它无法应用于自动驾驶这种需要立即进行处理的应用场景。

为了解决速度问题，2015—2016 年开发出了 Fast R-CNN 和 YOLO（You Only Look Once）这一算法。正如其名，YOLO 只需扫描一次图像，就可以执行目标的位置检测和分类，极大地缩短了处理时间（图 2-12）。

最近，改进版的 YOLO 已发布，其处理速度足以实现自动驾驶。

图 2-12　YOLO 目标检测

注：图片出自 https://pjreddie.com/darknet/yolo/。

与自然语言处理相融合的标题生成

生成描述图像内容的自然语言称为图像标题生成。图 2-13
显示了用于生成图像标题的典型神经网络的构成。

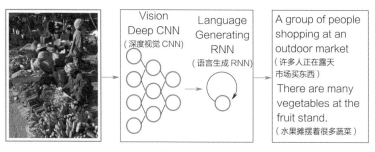

图 2-13　与自然语言处理相融合的标题生成

注：基于 CVPR2015「Show and Tell: A Neural Image Caption Generator」Oriol
Vinyals（Google）等制成，中文译文为译者译。

通常，在前一阶段我们使用卷积神经网络（Convolutional
Neural Network，CNN⊖）来识别图像，并提取图像的特征。然
后，通过连接自然语言处理循环神经网络（Recurrent Neural
Network，RNN）来生成说明。

通过使用图像标题生成技术，微软（Microsoft）开发了一
款盲人辅助系统。此外，社交网络服务提供商还利用标题生
成技术，对用户上传的图像进行语言化处理，然后来进行行为
分析。

⊖　CNN：参见第 5.1 节。

虽然图片标题生成技术取得了一定的成果，但还不够完美。多伦多大学的桑杰·费德勒（Sanjay Feidler）副教授在其发表的一篇论文中，就对比了生成标题时使用的最大似然模型（Maximum Likelihood Model，MLE）、强化学习 baseline 模型（Reinforcement Learning baseline Model，RLB）和强化学习人工反馈模型（Reinforcement Learning with Human-provided Feedback model，RLF）三种方法（图 2-14）。

图 2-14　图像的标题生成

注：基于 Teaching Machines to Describe Images via Natural Language Feedback（ArXiv: 1706.00130v2）Huan Ling，Sanja Fidler 制成，中文译文为译者译。

最接近正确答案的是 RLB 的描述，RLF 将其描述为：一个男人试图用嘴叼飞盘。这其中既有算法的问题，也有用于学习的数据存在偏差的因素。这是因为，在目前最常用于标题生成研究的 Microsoft 训练数据中，有很多狗用嘴捕捉飞盘的图像，所以才生成了这样的描述。

　　由此也可以看出，在目前以深度学习为代表的机器学习的技术中，AI 并非像人类一样是理解图像然后生成标题的，而是通过模仿训练数据来生成标题的。因此，为了提高标题生成的质量，我们必须为其准备大量高质量的训练数据。此外，有时它也无法正确理解静止图像的内容。例如，如果是一张人悬浮在空中的图像，它就无法辨别这个人究竟是在跳跃还是在坠落。为了准确地为这类场景生成标题，需要处理多个时间序列的图像，如动态图像。今后这方面还需要进一步的研究。

2.5　处理文章和对话的技术：自然语言处理

Basics and
new trends
of AI

　　对人类在会话等场景中使用语言的处理称为自然语言处理，其包括机器翻译和文章概括等多种任务。目前，自然语言处理在智能助手中的应用正在不断扩大，如 Amazon 的 Alexa 等。

自然语言处理正在发展

　　通过深度学习，机器可以像人类一样识别语音和图像。但自然语言处理方面的技术却远没有语音识别和图像识别那么成熟。

最近，有一种系统可以像网络聊天系统一样，一边与人对话，一边回答问题，不过这是在限定了使用场景的情况下实现的。通过事先设想对话的内容并人工制定对话规则，该系统实现了与人类的对话。遗憾的是，以目前的技术，AI还无法在理解人的语言的基础上做出回应。

深度学习在自然语言处理中的应用不断扩大，在机器翻译等领域表现出了性能的明显提升。但是它依然很难处理如接待客人等场合的普通会话，人们正在不断设计与研究新的算法。

传统的单词表示

为了让计算机处理自然语言，构成句子的基本单位单词必须是数值数据。以前，为了将特定单词用数值数据表示，人们需要使用"one-hot形式"将字典里的每个单词挨个分配索引，向量的维度也从几十万到几百万不等。

使用"one-hot形式"表示单词时，将一个词的索引元素的值设为1，其他单词的索引元素的值则为0。此时，每个单词的索引是独立于单词含义而确定的。因此，从向量的值中无法判断单词意思之间是否有共同点。例如，如果有表示狗、猫、大象等动物的单词，只看向量值的话，是无法找出动物这一单词间的共同含义的。

单词的分布式表示

现在使用的分布式表示方法是用 200~300 维的小维度向量来表示单词，各元素都有值。每一个元素都有某种意义，比如向量中有一个元素具有像动物这一意义。

分布式表示的概念本身一直存在，但由于一直没有一个有效生成的方法而未被使用。直到 2013 年 Google 通过使用神经网络设计出了一种能够快速构建分布式表示的方法后，这一情况才发生了巨大变化。Google 将这一表示方法以 Word2vec 开放源码的形式公开，如今，分布式表示被自然语言研究者广为使用。

使用 Word2vec 的分布式表示的优点是允许在表示单词的向量之间进行运算。例如，如果进行"King-man+woman"的运算，可以得到"Queen"的分布式表现的值（图 2-15）。这样一来，我们就可以通过向量算出的值来推断单词及其意义。

Word2vec 需要大量的文档学习才能获得单词的分布式表示。但是在实际操作中，很多时候我们很难准备出大量包含行业专业术语、产品名称的文档。

最近，人们正在研究如何把像 WordNet[⊖]这样描述单词间关系的知识库中的单词信息编入 Word2vec 等分布式表示中。如果这一技术能够有效地生成单词和句子的分布式表示，那

⊖ WordNet：以普林斯顿大学等为主导完善的英语概念词典。

么自然语言处理系统开发工时的缩短和精确度的提高将不会遥远。

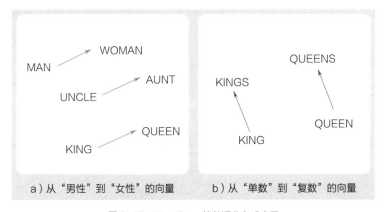

a) 从"男性"到"女性"的向量　　　　b) 从"单数"到"复数"的向量

图 2-15　Word2vec 的单词分布式表示

注：野村综合研究所参考 Linguistic Regularities in Continuous Space Word Representations Tomas Mikolov.Wen-tau Yih，Geoffrey Zweig 制作而成。

编码器 / 解码器模型的语句处理

随着单词分布式表示方法的建立，深度学习在由单词组成的句子和文章中的应用也取得了巨大的进步。对于句子的处理很早就应用了深度学习，也就是情感分析。

情感分析是从句子中分析书写者情绪的技术。该技术用于很多场景，比如根据 SNS 上顾客对商品和服务的评论内容以及问卷调查的结果，将顾客的情绪分为"肯定""中立"和"否定"等几种类型，以及根据新闻和经济指标报告来预测金融商品的今后走向。

此外，在句子的自然语言处理方面，近年来性能提升最快的是机器翻译。目前，欧美语言间的翻译已经实现了与人工翻译同等的性能，英日等语言间的翻译也接近实用水平。

性能之所以得以迅速提升，是因为深度学习在自然语言处理大量使用的编码器 / 解码器模型（图 2-16）中增加了注意力机制。例如，在日英翻译中，编码器将输入的日语句子向量化，解码器根据向量生成英语句子。注意力机制通过在解码时关注和处理特定的输入单词及其周围的单词，实现了精确度的提升。

Google 和 Microsoft 很早就开始提供网络翻译服务，中国最大的互联网搜索公司百度也开发出了面向旅行者的小型翻译机器，机器翻译的提供形式开始多样化。

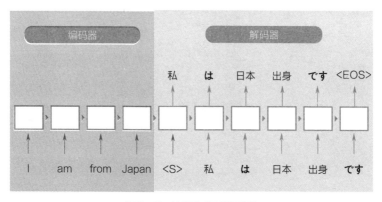

图 2-16　编码器 / 解码器模型

尚待完善的文章和对话的处理

在利用深度学习的自然语言处理中，难度较大的是处理文章和对话等长句。

比如 Apple 的语音助手 Siri，虽然已经实现了一问一答形式的问答系统，但通过深度学习实现能够理解上下文的对话机制还处于研究阶段。另外，比较条款和协约中个别句子内容是否一致也是难题之一。这些过程被称为蕴含关系识别。目前，为了判定蕴含关系，采用的是将句子或文章矢量化，以相似度为指标进行处理，但在实用层面的利用还是有限的（图 2-17）。

处理对象		难易度	主要处理	使用技术
pen you time	单词	低	单词的分布式表示	Word2vec(Skip-gram)、Glove、fastText
This is a pen.	句子		句子的分布式表示、情感分析、翻译、回答问题（一问一答）	Doc2vec、RNN、LSTM、Encoder Decoder Model / Seq2seq、Attention Mechanism
How many pens do you have? I have a pen. …	文章	高	文书分类、文书概括、对话、蕴含关系识别	トピックモデル Encoder Decoder Model / Seq2Seq、Doc2vec、Memory Network、Reinforcement Learning

图 2-17　自然语言处理技术的难易度

　　自然语言处理与图像识别和语音识别等其他识别技术相结合，显示出更广泛的应用领域。在图像识别领域，通过将图像识别与语言的生成模型相结合，实现了图像说明性标题的生成。

　　语音识别通常通过声学模型来处理语音信号，在识别出诸如日语中的"あ""い""う"等音素后，再应用语言模型。通过使用语言模型，能够正确识别出日语中的汉字假名混用句[—]。在语音识别中，语言模型承担着正确识别行业特有术语等功能，因此，企业在使用语音识别系统时，还需要关注语言处理部分的功能和性能。

2.6 人与机器自然交流的技术：自然用户界面

Basics and
new trends
of AI

　　人们可以通过语音操作和手势等更加自然的方法来操作最新的可穿戴设备以及在家电中开始使用的自然用户界面。

什么是自然用户界面

　　自然用户界面是一种能够通过触控等人类的直观操作方法

[—]　汉字假名混用句：汉字与假名（平假名、片假名）同时使用，是日语书写中最常见的书写形式。

以及人与人之间相互沟通的方法来操作计算机的技术。

要熟练使用显示器、键盘和鼠标，必须具备操作的专业技能。例如，人们必须了解如何使用键盘输入字符，以及如何将鼠标的移动与显示器上的箭头标记联系起来。

但是，如果能像跟别人说话一样用声音输入，或者直接触摸屏幕进行操作，那么无论年龄大小都可以使用了。此外，如果需要在狭小的空间内工作，或者在双手占满的情况下工作，那么为办公室工作而设计的键盘之类的设备就不再适合了。如今，计算机已经融入了人们的日常生活，越来越多的场景需要语音操作和手势等更加自然的手段，这就需要自然用户界面了。

为何当下自然用户界面备受瞩目

2007 年 Apple 在 iPhone 上搭载了触摸屏，之后随着智能手机的普及，触摸屏成为一项众所周知的技术。

触摸屏能够识别手指的移动，能够按键，还能放大或缩小图像。可以说，正是因为有了这个直观的界面，智能手机才能在全世界普及开来。智能手机已经问世多年了，自然用户界面正在朝着下一个阶段发展（图 2-18）。而能够实现这一进化的，就是 AI。

与键盘和鼠标相比，触控面板具有更好的操作性。然而，

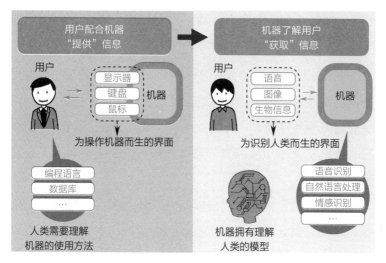

图 2-18 自然用户界面的进化

它仍然只是计算机上定义的图形用户界面的输入 / 输出设备。
如果人无法理解屏幕的意思，那也无法操作，因为并不是所有
人都能完成这些直观操作的。

在人与人之间的交流中，说话者会根据对方的知识和经验
来改变表达方式，一个好的界面也应该如此，应该能够灵活适
应操作者。

解决这个问题的关键，就是利用语音识别、图像识别以及
自然语言处理等 AI 技术的界面。随着所有识别技术精度的提
升，以及能够通过语音和图像等多来源高精度读取他人情感的
技术的出现，机器能够识别人的状态，并且能够顺利进行交流
将成为可能。

自然用户界面的工作原理

要实现语音控制的自然用户界面，需要传声器输入、扬声器输出以及语音识别、自然语言处理和语音合成技术的融合。一般使用两种模型，一种是由声音生成文本的语音识别模型，另一种是从文本中读取对方意图和输入内容的自然语言处理模型。

在自然语言处理中，会置换为以输入为目的的命令来执行，缺少完成处理必须的信息时会再次询问对方。这一技术叫作"对话处理"，使用于聊天机器人、智能音箱等对话式 AI 技术。

人类在对话时，表情、动作、手势会像补充语言一样提供很多信息。自然用户界面就将情感和手势加入其中。它可以读取声音的音调和表情的变化，并将其模式化，从而识别感情，并正确地读取对方言语中的意图，有时还可以通过读取手势来掌握对方的意图。例如，老师问学生："知道这个问题的答案吗？"然后根据学生的表情分析学生究竟知不知道，类似这种情况在技术上将能够得以实现。

计算机是一个机器，通过 AI 技术却能够构建出一个理解人类的模型，并将其应用于界面，这或许是未来自然用户界面发展的方向。

自然用户界面的关键是 AI

在 AI 研究领域处于领先地位的 Google，研发了一项新技术"MultiModel"（图 2-19）。MultiModel 是一个 AI 模型，它可以在神经网络中学习语音、图像和语言多个任务。该模型可以将同时获得的输入转换为一个单一的通用表示，能够做到语音识别，从图像中生成理解该场景的句子，还能在四种语言之间进行机器翻译。就像人能够通过综合各个感官的信息来判断事物一样，MultiModel 的研究目标是在一个模型中执行多个任务。对于人类来说，最佳的界面就是人类。为了让机器用各个感官来理解世界并与人交流，人们需要 MultiModel 这种具有从多个

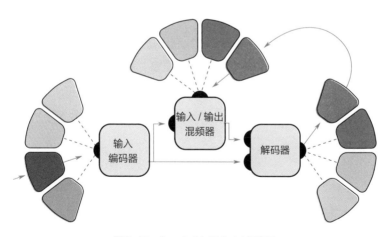

图 2-19　Google MultiModel 概念图

注：基于 Lukasz Kaiser，Aidan N.Gomez，Noam Shazeer，Ashish Vaswani，Niki Parmar，Llion Jones，Jakob Uszkoreit，One Model To Learn Them All.2017 制成。

输入中进行识别并做出判断功能的自然用户界面。

在 MultiModel 的研究中，我们得到了一个有趣的结果：通过看似毫无关系的图像识别任务的学习，能够提高语言处理任务的性能，二者相辅相成。相关论文显示，在训练数据较少的情况下，其效果尤为明显。这或许就是解决当前深度学习需要准备海量学习所需数据这一课题的一个切入口。

例如，即使在自然句中无法准备大量训练数据的情况下，可以通过收集和学习一些相关的图像数据和声音数据作为替代数据，也能够达到与通过自然句进行学习相同的效果。

通过多个来源进行学习，类似于人类儿童在理解"鸭子"这个词的特征时，从不需要数百万张图像数据，而是通过形状、颜色以及叫声，还有父母解释时使用的自然语句来进行学习。目前在大多数情况下，MultiModel 开发的模型处理各个任务的准确性都不如其他各项的专业模型，但其为训练数据的收集和使用创造了一条新的思路，其贡献是巨大的。可以预见，拥有类似人类感觉的 AI 成为最佳用户界面的时代终将到来。

自然用户界面和数字化

未来，企业要想通过数字化升级自己的产品和服务，必然离不开用户的信息。营销千篇一律、服务毫无特色的时代已经结束，现在我们已经进入了一个用户追求量身定制的个人体验的时代。这就需要了解用户现在在想什么、满不满意，问题发生的原因是什么。了解这些的方法就是能够识别用户的状态并转换成输入的自然用户界面技术。

自然用户界面除了"操作方便"，还具备与 AI 结合而生的"智能性"，使以往认为不可能获取的数据和各个场景的输入成为可能。

虽然使用的是相同的传感器，但却能洞察到有价值的信息，这就是应用 AI 后的升级版自然用户界面。

2.7　可以进行日常对话交流的程序：聊天机器人

聊天机器人就像秘书一样，能够完成委托给它的工作。它既可以与语音结合使用于智能音箱，还可以在 LINE 等聊天服务中用于发布企业信息。

什么是聊天机器人

聊天机器人是一种常用于 LINE 等聊天服务中的以日常对话为用户界面的程序。根据委托，它可以代理简单的工作，有时还可以成为闲聊的对象，表现得就像是真正的人类一样。

例如，在 ASKUL 运营的电子商务网站 LOHACO 中，就采用了聊天机器人"真奈美"（图 2-20），它能够 24 小时提供咨询服务，取得了非常好的效果。这项技术在因人手不足而烦恼不已的呼叫中心行业中备受关注。

图 2-20　LOHACO 的聊天机器人"真奈美"

注：该图出自 LOHACO，https://lohaco.jp/event/line_support/。

为何当下聊天机器人受到瞩目

聊天机器人近年在商业中得以广泛应用的原因之一是自然语言处理技术的进步，这是聊天机器人的基本技术。

在进入第三次 AI 热潮后，聊天机器人也采用了最新的 AI 技术，和以前相比，与它对话变得格外自然。虽说已经进化，但聊天机器人还是很难做到像真人一样对话，所以不能说这就是决定性的原因。当下，聊天机器人热潮兴起的原因在于LINE 等聊天服务用户的增长所带来的使用场景的扩展。

大约从 2010 年开始，聊天服务取代了邮件开始迅速普及，LINE 正是其代表之一。在日本之外，Facebook Messenger 以欧美为中心拥有大批用户，近年来其日本用户也有所增加；中国的微信，更是一个聚集了数亿用户的巨大平台。对于企业来说，这是一个能够与用户接触的新切入点，因此也将其广泛运用于日常业务中。

LINE 出现在 21 世纪 10 年代的前半期，当时主要是作为一个广告媒体，企业可以通过它提供产品信息和发行优惠券等，但企业只能"单向"发布信息。

变化发生在 2015 年前后。聊天应用火速普及，企业希望更好地借助这个平台，由此人们开始使用聊天机器人。通过聊天机器人，企业和顾客之间可以进行一对一的会话，实现了从产品提案到销售的"双向"变化。

例如，2017 年 5 月 SMBC 日兴证券推出的"AI 聊天机器人服务"，就是一款可以在 LINE 上引导人们轻松开户的聊天机器人，其与人工服务相结合为顾客提供了更好的服务。为了争取新客户，以聊天机器人作为"开端"，在必要时转为人工服务的手段，将"潜在客户"转变为了真正的客户。聊天服务成功吸引了很难为信件广告所动的 20~40 岁的客户，我们不难想象它是多么高效。

同样引人注目的技术还有以语音为用户界面的智能音箱这一平台，如 Amazon Alexa 和 Google Home。它们所使用的基本技术与聊天机器人相同，只不过不是通过文本，而是通过语音与用户交流。Facebook、Amazon 和 Google 也在激烈地竞争，都希望能够借助自己的平台争取到更多的用户。

聊天机器人的工作原理

聊天机器人所需的对话功能分为"任务导向型"和"非任务导向型"两种，前者是为了达到某种目的而进行会话，如查询天气预报等；后者不设置特定目的，是为了像闲聊一样享受会话，如 Microsoft 的"Rinna（りんな）"。

安装任务导向型的对话功能后，会对输入的句子进行"语义理解"，从几个预先准备好的规则中推导出最合适的选项，然后进行后续会话。例如，输入"明天天气怎么样？"时，聊天机器人则根据输入所包含的单词等，判断出"查询天气预报"最符合目的。它会从输入的语句中获取时间、场所、专有名词等达成目的所必需的信息，如果信息不足，则会根据需要再次询问用户，这样对话就会进行下去（图 2-21）。

现在流行的对话功能中，即使输入内容包含的术语和表达与事先定义的规则表达不完全相同，它也可以通过同义词词典等，在一定程度上灵活地进行会话。但是，任务之所以能够执行，对话之所以能自如，完全取决于人们事先准备好的规则，也就是说，它是无法进行未定义的对话的。

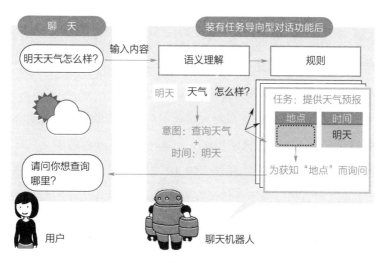

图 2-21　安装任务导向型的对话功能

非任务导向型的对话在语义理解和通过概率提取规则的流程上几乎没有区别，但规则的构建是不同的。任务导向型需要事先定义并收集达成目的所需的信息，而非任务导向型主要采用一问一答的形式，即通过概率从准备好的会话候选中选择如何回答。此外，由于非任务导向型在于享受对话，因此也会在对输入的语句进行情感分析后决定如何回答。根据情感识别对回答进行加工，这可以说是做事谨慎的任务导向型聊天机器人难以得见的特点。

各得其所就是成功的秘诀：
Lemonade 通过聊天机器人提供保险服务

Lemonade 是于 2015 年在纽约成立的保险初创公司，这是一家将保险与科技相结合的保险科技（InsurTech[⊖]）公司。2017年 12 月，软银（Softbank）宣布出资约 135 亿日元（约合 1.2 亿美元），引发了人们的热议。

Lemonade 通过聊天机器人实现了从保险销售到理赔的全流程的智能化，在美国迅速积累了大量客户。其经营的商品在日本称为小额短期保险（迷你保险），主要是住宅中的家电产品等家庭财产保险。由于评估风险所需的信息取决于投保的商品或房屋所在的位置，并且相对较为容易创建对话所需的规则，因此该公司成功实现了聊天机器人的大规模使用。此外，由于该保险每月仅需几美元的保费，所以不必货比三家，而且在几分钟内就能签约，因此迅速被经常使用聊天应用的年轻一代所接受。

此外，该公司还宣布保险公司的手续费一律为 20%，多余的保费也不会扣留，而是会募捐给投保人希望募捐的团体，这也是其一大亮点。通过保费透明化和为慈善机构做贡献的模式，该公司引用"行为经济学"的观点来遏制理赔欺诈。对于仍然可能发生的理赔诈欺，该公司通过利用预测分析技术构建

⊖ InsurTech：Insurance（保险）和 Technology（科技）组合而成的词。词义为，通过科技来提供前所未有的保险服务。

的 AI 来进行识别，构建了一个尽可能不需要人工的机制。

从 Lemonade 的例子我们可以看出，虽然在目前的 AI 技术下，聊天机器人能力有限，但只要找到合适的使用场景，它也是一项十分实用的技术。这对于目前还尚不能说是万能的 AI 来说，是一个非常有意思的启示。

聊天机器人在商业中的广泛应用

聊天机器人作为与普通消费者交流的新切入点而备受瞩目，今后其应用范围必将进一步扩大。Microsoft 就注意到了聊天机器人的潜力，试图以"会话用户界面（Conversational User Interface，CUI）"的名字向全世界推广交互式用户界面。以往，CUI 多指字符用户界面（Character User Interface）和控制台用户界面（Console User Interface）。

继智能手机应用程序之后，云计算开支管理软件公司 Concur Technologies 又推出了一项采用聊天机器人的费用结算服务。业务系统需要不断改进来方便用户的使用，其中一个解决方案可能就是聊天机器人。

以前，用户需要理解屏幕画面，整理好所需的信息再进行输入，而业务系统就像一名专职秘书一样，能够通过用户的输入内容自行进行整理。我们认为，这相当于业务系统的替身（图 2-22）。聊天机器人将成为自然用户界面应用于业务系统的一个契机。

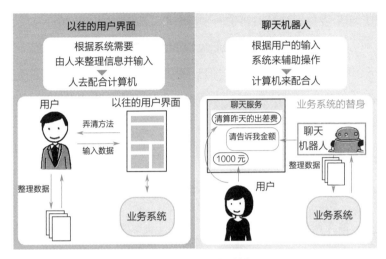

图 2-22 业务系统的替身

2.8

Basics and
new trends
of AI

提取和处理信息的技术：
传感器和数据

随着传感器嵌入汽车、智能手机等人们身边的设备以及周围的空间，越来越多的服务使我们的日常生活变得更加便捷。

什么是传感器

传感器是一种利用声音的特性和金属温度引起的电阻变化

等，从观测对象中获取人和机器易于处理的数据的装置。

如今，智能手机已经配备了各种传感器，包括卫星导航（GPS）传感器、指南针、陀螺仪、加速度传感器甚至气压计。这都要归功于微机电系统（Micro Electro Mechanical Systems，MEMS）。微机电系统通过精细加工技术将传感器所需的机械部件和电子电路封装在一起。比如，超小型弹簧和质量块可以制成加速度传感器。该技术除了应用于智能手机等电子设备，还应用于汽车车灯的光轴控制。如今，在智能手机上发展起来的MEMS 技术已经应用于其他领域。

什么是 IoT

IoT（Internet of Things）即物联网，是指我们身边的一切事物都可以联网。物品所产生的数据为新产品开发提供思路，同时也成为孕育新服务的源泉。

一个典型的例子就是致力于制造业服务化的通用电气（GE）所采取的预知维修。预知维修是指根据故障迹象对设备进行维护，而不是按照预定的使用寿命对其部件进行更换。为了捕捉故障迹象，这项技术使用在设备上的传感器、网络，并且建立在云端负责积累和分析数据的平台 Predix 上。

预知维修有两个优势。首先，对于用户而言，可以减少意外停机的可能性，并优化维修成本。其次，对于提供维护服务的公司而言，可以提前知晓进行维护的具体时间，从而更有计划地安排工作，由此可以均衡员工的工作时间，并提供具有价格竞争力的服务。

GE 的故障预知检测在人工操作的基础上，加入了 AI 来提升性能。具体来说，其由 AI 来判断数据类型并自动统计，寻找出数据之间的相关性，让工作人员能够进行更为高效的分析。

物联网正在推动产生数据的传感器与获取数据的网络的融合。例如，一些户外传感器内含移动网络和电池，可持续使用数年，无须电源或网络铺设。这类产品的诞生，除了传感器的低功耗外，还有赖于提供低速度、低成本网络的低功率广域网络（Low Power Wide Area Network，LPWAN）等新服务的出现。

自动驾驶引发人们对多传感器融合的关注

目前市场上销售的汽车都将配备自适应巡航控制和防碰撞减损制动等功能，这都有赖于安装在汽车上的各个传感器。作为参考，我们在表 2-1 中列出了汽车上典型传感器的类型和特征。

激光雷达（LiDAR）这一由 Google 开发的传感器在无人驾驶汽车中久负盛名，但由于目前价格依旧昂贵，一般很少使用。因此，为了应对可见光相机所不擅长的恶劣天气，目前

自动驾驶中远距离使用的是雷达，近距离使用的是超声波传
感器。

表 2-1　自动驾驶汽车上搭载的代表性传感器

传感器类型	测定距离	光学分辨率	雨、雪、雾的影响	色彩	亮度的影响	价格
可见光相机	长	高	影响大	彩色	影响大	便宜
激光雷达	长	高	有一定影响	无	无	几百~几万日元
雷达	长	中	几乎没有	无	无	便宜
超声波传感器	短	低	几乎没有	无	无	便宜

拥有 100 多年历史的美国非营利组织国际机动车工程师协
会（Society of Automotive Engineers，SAE）将自动驾驶的级别
定义为从 L0（人工驾驶）到 L5（完全自动驾驶）6 个等级。自
适应巡航控制等能够减轻驾驶员负担的功能属于 L1 级别功能，
在高速公路上控制方向盘和节气门并保持同一车道行驶的部分
自动驾驶属于 L2 级别功能。

L1、L2 级只是驾驶辅助，因为安全监控的主体还是驾驶
员。但 L3~L5 级，安全监控的主体会变为系统，可以实现自动
驾驶功能。L3 级称为有条件自动驾驶，只有在一定条件下才能
实现自动驾驶，当系统判断无法维持自动驾驶时，驾驶员必须
随时取代系统驾驶车辆。L4 级称为高度自动驾驶，虽然仍限定
了场景等条件，但即使发生紧急情况，也不需要驾驶员来驾驶

车辆。L5 级是完全自动驾驶，基本上可以不受场景限制，在任何场景都能实现自动驾驶。

2017 年世界上第一款实现 L3 级自动驾驶的量产车就是奥迪（Audi）A8。A8 上搭载了奥迪人工智能交通拥堵导航系统，尽管存在速度低于 60 千米 / 小时和单向双车道及以上等条件限制，但它可以代替驾驶员在交通拥堵时进行驾驶⊖。有一些厂商也提供交通拥堵时的驾驶辅助功能，但它们大多停留在 L2 级上，监控的责任主体仍为驾驶员。奥迪 A8 使用了多个传感器，包括用于近距离监测的 12 个超声波传感器，四角安装的中程雷达，1 个远程雷达和 1 个激光雷达。此外，还配备了 4 个 360° 摄像头环视更大视角，1 个前方监控摄像头，1 个能够在自动驾驶困难时提醒驾驶员接管的驾驶员监控摄像头（图 2-23）。

奥迪 A8 将不同功能和性质的传感器组合在一起，提高了行驶过程中的安全性。使用多个传感器可以弥补各个传感器的弱点，而为了提取单个传感器无法获知的信息，使用到的就是传感器融合技术。

奥迪 A8 开发了一款名为中央驾驶辅助控制系统的专用计算机，通过融合 24 个传感器的信息实现了自动驾驶。

该控制系统是由英伟达（NVIDIA）的嵌入式 AI 处理器、开发尖端图像识别软件及芯片的英特尔（Intel）旗下

⊖ 该项技术使用的前提是，汽车公司通过摄像头随时监控驾驶员的状态，以确保能够将驾驶权移交给驾驶员。

的 Mobileye、同为英特尔旗下的嵌入式处理器巨头阿尔特
拉（ALTERA）以及德国半导体制造商车载芯片巨头英飞凌
（Infineon）的技术组合开发而成的。

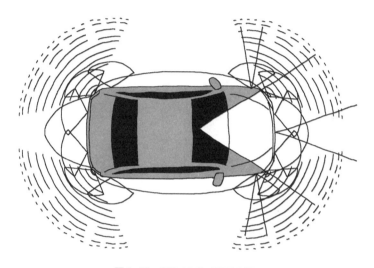

图2-23 奥迪 A8 传感器示意图

注：基于 https://www.audi.de/de/brand/de/neuwagen/a8/a8.html 绘制。

AI 升级传感器图像识别与激光雷达的融合

美国初创公司 AEye 是一家为自动驾驶汽车开发新一代
传感器 iDAR（Intelligent Detection and Ranging）的科技公司。
iDAR 是将图像识别技术等融合到激光雷达中的高级传感器。

目前的激光雷达由转动式驱动部件组成，存在结构上的问

题，特别是在快速移动的状态下。在车速约为 50 千米 / 小时时，它还能从容地探测远处的障碍物，但如果车速达到 100 千米 / 小时，则可能无法及时感测[⊖]。iDAR 试图通过图像识别使传感器变得更智能，而并非通过改进驱动部件等来实现加速。具体地说，通过提升可见光相机的图像识别功能，激光雷达仅瞄准物体可能存在的区域，以减少感测所需的时间。这里使用的激光雷达虽然产品是相同的，但通过结合相机和软件（AI 技术）其性能得到了提升。

传感器与数据的未来

在传感器和数据的使用上，目前走在前列的是投资庞大的自动驾驶领域。今后，以汽车产业为中心，将会不断开发出新的技术。

另一个同样超前的领域是物联网领域。在这一领域，GE 为建立起基于物联网的商业模式最早进行了先期投资，Google、Microsoft 和 Amazon 紧随其后也开始涉足这一领域，今后将有大量 IT 平台运营商在这一领域进行市场争夺。

其中，Google 和 Amazon 都进军了自动驾驶领域。Google 旗下有一家名为 Waymo 的公司，正在持续开发自动驾驶技术。而 Amazon 则在 2017 年通过收购获得了可用于汽车等控制设备

⊖ 感测：使用传感器等准备好的方法收集所需的信息。

的 FreeRTOS，并在 2018 年宣布与丰田汽车一起进行自动驾驶技术的开发。由此我们会发现，自动驾驶和物联网是两个比想象中更为接近的领域。

预计未来，传感器和数据方面的技术将随着从真实世界走向虚拟世界的汽车工业，以及从虚拟世界走向真实世界的巨型 IT 平台商而不断发展。

2.9

通过嵌入 AI 创造新服务的技术：AI 设备

从我们身边的家电产品到对安全驾驶功能精益求精的汽车，AI 已经开始应用于各种事物。但是，随着应用的扩大，在使用场景及数据处理方面产生了新的课题。

什么是 AI 设备

AI 设备是指可以使用 AI 的智能手机、平板计算机、工业机械和汽车等所有机器设备。例如，可以使用 Siri 和 Google 助手这类语音助手服务的智能手机，以及搭载了 Amazon Alexa 等的电子产品，这些都是我们身边的 AI 设备。

像智能手机和智能音箱一样，AI 设备是以利用云服务的形式开始的，而近年来，AI 开始越来越多地嵌入设备当中。例如，华为智能手机内置了一个学习了 1 亿多张照片的图像识别引擎，可以根据拍摄对象进行调整，以达到最佳拍摄效果。

为什么当下要在设备中嵌入 AI

从自主性和处理数据的角度，将 AI 嵌入设备中后，在没有互联网的环境中人们也可以使用它（图 2-24）。

自主性的观点尤为受到重视的是汽车。近年来，越来越多的汽车开始配备基于图像识别的自适应巡航控制和防碰撞制动

图 2-24　对嵌入式 AI 需求的提升

等驾驶辅助系统。为满足预期的可靠性和响应速度，使用的并非是利用云端的 AI，而是将 AI 嵌入车载计算机和所搭载的摄像头中。

对于数据的处理，我们需要注意的一点是个人信息。AI 给我们带来了便捷的服务，但也会收集、分析个人的照片、语音、位置信息等数据。

用户与服务商签订的合同中包含数据处理协议，这些合同有时可能长达几十页，不是每个人都能看得懂的。目前，我们只能信任企业去处理这些数据。作为尝试，人们将需要使用数据的 AI 嵌入用户的设备当中。它适用于担心个人信息泄露的用户，用户的信息会保留在设备中，且仅供其所有者使用。

需要谨慎处理的还有来自企业的数据。AI 控制和监控机器产生的信息中含有很多涉及企业产品制造方法和生产状况的高度机密信息。为了掌握和管理这些信息，企业能够做的就是，要么将 AI 作为内部系统的一部分，要么选择使用嵌入了 AI 的工业机器等。另外，考虑网络故障和响应时间问题，直接与生产活动相关的制造业 AI 系统大多会直接导入工厂内部的系统中。

随着汽车等对自主性 AI 使用需求的出现，以及个人和企业对敏感数据处理问题的意识有所增强，AI 正在不断嵌入设备当中。

执行推理的 AI 芯片的出现

AI 一般有两个工序，一个是使用大量数据构建模型的"学习"，另一个是实际输入数据并使用模型的"推理"。目前，在"学习"上因高效而成为行业标准的是 NVIDIA 的图形处理单元（GPU）。

另一方面，为快速低功耗执行"推理"也开发出了专门的芯片。其中一个就是 Apple 的 iPhone 也使用到的 A11 Bionic 以及华为的 Kirin 970 等执行推理的 AI 芯片。

推理 AI 芯片是指能够让深度学习中使用的程序库高速执行的芯片，智能手机制造商已经将其嵌入自己的设备中，用于实现产品的差异化。ARM 也同样发布了快速执行 AI 推理的芯片，手机芯片和嵌入式芯片制造商也开始进入这一领域。

但并不是说一定需要专用的芯片。在移动网络芯片组中占有很高份额的 Qualcomm 正在开发一款名为神经处理引擎（Neural Processing Engine，NPE）的 AI 框架（软件），该模型能够在不使用专用芯片的情况下也能快速运行。

此外，除了芯片之外，Apple 还发布了一个名为 CoreML 的库，可以在 Apple 硬件上快速执行机器学习；谷歌也开发了 TensorFlow Lite，这是 TensorFlow 的移动平台版本。如今，嵌入式的 AI 环境正在从硬件和软件两方面迅速扩大。

AI 学习芯片和 AI 推理芯片的区别如图 2-25 所示。

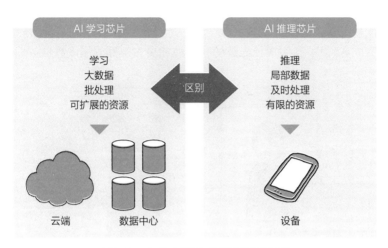

图 2-25　AI 学习芯片和 AI 推理芯片的区别

案例 1：传感器推动移动银行的发展

Sensory 是一家美国软件公司，多年来一直在开发与语音识别相关的嵌入式技术。该公司开发了一款名为 Virtual Teller（虚拟柜员）的移动银行解决方案（图 2-26）。

使用 Virtual Teller，用户通过手机也能够像在银行柜台上一样与柜员进行交流并办理业务。通过语音认证和人脸识别，AI 生物体征识别技术可以提高身份识别的安全性。

另外，进行认证的 AI 是嵌入智能手机的应用程序当中的，因此获取的生物信息不会在互联网上传播。为实现用户与智能手机替身的流畅对话，它还配备了语音识别和语音合成等功能，提高了响应性能。Sensory 公司通过嵌入 AI，将智能手机变成 AI 设备，实现了先进的安全性和更为友好的用户界面。

图 2-26　Sensory 公司的 Virtual Teller

注：根据 Finovate 的介绍视频绘成，http：//finovate.com/videos/finovatefall-2017-sensory/。

案例 2：内置识别功能的摄像头 Boulder AI

初创公司 Boulder AI 位于美国的科罗拉多州，主要开发嵌入了 AI 的监控摄像头设备。摄像头能够从拍摄的动图中捕捉物体和物体的运动，并提取出有用的信息。例如，他们为金融机构构建了一个可疑人员感知应用程序；为水坝管理公司构建了一个能够识别鱼群是否在安置的鱼道上逆流而上，并能够计算出每种鱼数量的系统。

Boulder AI 的监控摄像头 DNNCam 配备了 NVIDIA 的嵌入式 AI 芯片组 TX2，能够快速运行学习过的模型。虽然以前也有网络摄像头和云识别服务，但在偏远地区的户外场所，有时很难连接到互联网，因此并不十分常用。DNNCam 是一款结合了摄像功能和识别软件的产品，设置后马上就可以投入使用。

Boulder AI 的解决方案，旨在将目前需要由人工和摄像头配合完成的工作全部实现自动化，比如识别停车区域和车牌的停车场监控系统、对商店内顾客的活动分析，以及油田钻机的监控等。

AI 设备的未来

AI 嵌入我们身边的产品，不仅提升了服务性能，还方便了我们的生活，今后必将推广开来。届时我们面临的挑战将会是，如何将云端使用的海量数据与计算机资源开发出来的 AI 嵌入设备当中。

每个设备的操作系统不同，芯片也不同，内存等资源也有限，AI 必须要在这样的环境下运行。为适应其所处的环境，目前我们的做法是通过专业技术来简化开发好的模型，在某些情况下也会重新创建模型。在技术上，需要对 AI 使用的数据进行二值化，减少内存需求等操作，就像 20 世纪 80 年代开发计算机游戏时一样一点点地来推进，目前我们还无法达到所有人都能马上将 AI 嵌入设备的状态。

今后，为普及 AI 设备，我们还需要在提高 AI 推理芯片处理性能的基础上，实现更加便捷的嵌入技术。具体来说，就是通过制定 AI 模型的标准规范来保证兼容性。比如说由 Facebook、Microsoft 和 Amazon 主导的开放神经网络交换（Open Neural Network Exchange，ONNX），只要是在符合 ONNX 规范的环境中开发出来的模型，都可以在任何地方运行。

为了支持在不同硬件上的运行，NVIDIA、ARM 和华为等芯片供应商也参与了进来，横向的合作将越来越多。此外，Amazon 在 2017 年推出了一项名为 SageMaker 的服务，该服务支持在云端快速开发 AI，并将嵌入设备进行机械化和集中管理。将来，AI 嵌入智能手机和产业机械等将成为理所当然的事情。

2.10 ▶ 帮助人类或代替人类工作的机器：机器人

Basics and
new trends
of AI

　　与 AI 一样吸引眼球的还有机器人。在我们身边就有扫地机器人 Roomba，以及诞生于日本并在世界范围内引起轰动的 Pepper。机器人正在变得多样，其用途也将更加广泛。

什么是机器人

　　机器人是指能够帮助人类或代替人类进行工作的机器。机器人大致可分为两类：在工厂等生产现场使用的工业机器人和在其他场所使用的服务机器人（图 2-27）。

　　工业机器人的一个例子就是汽车工厂所使用的焊接机器人，它们可以代替人类进行危险的焊接作业。机器人焊接的速度比人快，而且不会疲劳，因此，原则上它们可以 24 小时不间断地工作，具有很高的生产率。

　　与工业机器人相比，服务机器人的应用范围更广，用途更广泛，具体的使用场景包括家庭、店铺、仓库等。它们既能为消费者提供娱乐，也能在商务场景下接待客人。

此外，广义的机器人还包括软件机器人（Robotic Process Automation，RPA）。虽然没有机器的外形，但它可以代替人们执行日常工作的一部分，例如，能够将从电子表格软件中提取的值传送到其他系统，以此来提高办公效率。

类别	目的	对象	厂商
工业机器人	提高生产效率	组装、加工	ABB、库卡（KUKA）、Universal RTobots、发那科（Fanuc）、安川电机
服务机器人	辅助人类生活支援	养护、探索、医疗	Intuitive Surgical、大和房建工业
		搬运、警备、清扫	Savioke、Amazon Robotics
		护理、福利	大和房建工业、Cyber Dyne
		待客、引导、教育	SoftBank Robotics、Vstone、Fellow Robots
		宠物	索尼（SONY）
软件机器人	提高办公效率	办公自动化	Blue Prism、UiPath、RPA TECHNOLOGIES

工业机器人
©发那科株式会社

交互机器人
©SoftBank Robotics Corp.

图 2-27　主要机器人示例

注：该图源自野村综合研究所。

交互机器人愈发受到瞩目

交互机器人，是指能够与人进行语音交流，能够用于店铺进行接待客人等工作的机器人。2014 年，SoftBank Robotics Corp. 的机器人 Pepper（图 2-28）发布后，相关市场迅速扩大。

©SoftBank Robotics Corp.

图 2-28　交互机器人 Pepper

虽然不同机器人的性能有所不同，但语音识别技术经过深度学习得到了提升，甚至在嘈杂的户外也能够完成识别工作。但在被称为对话处理的语言交流中，由于自然语言处理技术还不成熟，因此除了闲聊之外，尚无法做出与人类一样的讨人喜欢的回应。

因此，交互机器人成功的秘诀在于找到一个能够将其有限的会话能力充分发挥出来的使用场景，比如问卷调查，因为机器人可以引导对话的进行。

提到交互机器人的未来发展时，必须考虑其与智能音箱的区别。二者在语音识别和会话方面是相似的。因此，可以预见，一些被认为是交互机器人的优势领域将会被智能音箱抢走。比如，对以后家庭中越来越常见的能够联网的家用电器的控制。因为我们在控制管理家电时只要能用语音方便交流就可以了，没有必要非得用机器人。而另一方面，店铺接待客人和引导客人时，首先要让顾客注意到它的存在，从这一点看，拥有身体的交互机器人则更具有优势。

一些交互机器人可以在狭窄的商店中巧妙地避开障碍物，将顾客引导至商品的位置，比如美国 FellowRobots 的 NAVii（见 3.2 节案例 4）。今后，交互机器人除了能够进行对话之外，还要能够移动等，人们需要它能够提供更多的附加价值。

提高工厂生产率的协作机器人

从以德国为中心推动的工业 4.0 和中国推进制造现代化的《中国制造 2025》可以看出，世界各国都开始采取各种措施来提高制造业的生产效率。而其关键就是机器人的自动化生产线。

目前，制造业为满足顾客的多样化需求，需要能够在一条生产线上组装多个产品的、适应多品种小批量生产的生产方式。在这种情况下，仅靠传统的机器人技术很难实现自动化，因此协作机器人引发了人们的关注。

协作机器人是由多个关节组成的具有高自由度和安全性的机器人。我们无须将其放置在"笼子"——安全围栏中，它可以与人共享工作台，就像搭档一样，放在我们的旁边。调整运动量后，我们即使与它直接接触也不会受伤，因为其机身包裹了一层柔软的外衣，安全性能很高。

　　工业机器人巨头 Fanuc 正在将协作机器人产品化（图 2-29）。机器人的机身并非该公司代表性的黄色，而是使用了绿色。Fanuc 协作机器人的特点是能够举起几十千克的重量。许多制造商通常只使用转矩相对较低的电机，而 Fanuc 利用其多年的经验，在释放电机动力的同时，成功确保了高度的安全性。

ⓒ发那科株式会社

图 2-29　Fanuc 的协作机器人

　　还有一个有趣的协作机器人就是丹麦 Universal Robots 的产品。工业机器人通常是固定式的，但该公司的产品将重量减轻到了只有几千克，具有很强的便携性，工人在需要使用时只要把它从柜子里拿出来就行，就像拿一个小型电钻一样。根据当天的工作内容，可以让机器人进行诸如取出零件或将成品装入传送带之类的简单的重复性工作。这样一来，工人只需要承担高难度的工作，工厂的生产效率也就提高了。

机器人技术的商品化

近年来，越来越多的公司涉足服务机器人，其背后是机器人技术这一准入壁垒的商品化[⊖]。过去，从硬件到控制所需的软件都需要各个公司自己定制开发，一台机器人的制造费用高达几百万元人民币也不足为奇。后来，出现了一个通用的机器人控制软件包——开源机器人操作系统（Robot Operating System，ROS）。

ROS 与 Linux 的 Ubuntu 软件包相比，结合了开发机器人所需的物体识别和控制功能等多种程序库。其零件中还包括YOLO 这一著名的使用了深度学习的物体识别功能。ROS 最初是由一家名为 Willow Garage 的公司受斯坦福人工智能实验室（Stanford Artificial Intelligence Laboratory，SAIL）的委托开发的。

之后，它变成了开源软件，现在全世界的机器人研究人员和开发人员都在使用它。2012 年，美国初创公司

⊖ 商品化：商品和服务变得普遍化，很难实现差异化。

Rethink Robotics 研发了一款使用了 ROS 的双臂协同机器人"BAXTER"，并以 15 万元左右的价格对外出售。除此之外，由 Willow Garage 的首席执行官新创立的 Savioke 公司正在开发一款自主搬运机器人"Relay"，可用于酒店客房服务等室内配送服务。

ROS 只是一个程序库的集合，并不是安装了它就能创建一个机器人。我们必须根据需要修改部件，进行组合，并开发出控制和识别所需的软件。但是，正是由于 ROS 集合了多种功能，所以在市场规模和成本效益导致企业准入困难的服务机器人领域，它为企业打开了一扇大门。

机器人的未来

机器人是 AI 应用的最大可能。机器人正试图通过 AI 获得更高级的视觉能力。

例如，目前市面上的一部分 iRobot 扫地机器人就内置了深度传感器，帮助它们了解房间结构，构建地图信息。相比随机清扫，使用地图后的清扫效率要高出很多。

在前面提到的协作机器人中，有些机型结合了图像识别技术后，能够用来检查成品外观是否存在缺陷。

此外，要开发机器人，还离不开实证实验平台。Amazon 为配合全球机器人赛事"机器人世界杯（RoboCup）"，从 2015

年开始每年举办"Amazon 机器人挑战赛"这一重大比赛。

比赛中设定的实践场景为在仓库中拣货，世界各地的企业以及机器人研究人员都参与其中。比赛的内容就是看机器人拣货谁能更加准确、快速地从货架上取出指定的商品。

比赛难度逐年增加，有些商品会和其他类似设计的商品放在同一个货架上。在往届比赛中曾获胜的代尔夫特理工大学的教授说，要让大学等机构的研究成果在现实社会中得到推广，要做到两点：首先是将研究高峰和商业高峰相联合，提高开源技术的相关人员和企业的水平；其次是在整体得到提升后，为了创造出新的高峰，需要有像 Amazon 机器人挑战赛这样的实践性竞技比赛。

机器人世界杯的初衷是为了通过机器人工程学和 AI 的融合来开发自主机器人，并积累基础技术。随着赛事的扩大，机器人的应用范围不断扩大，比如灾害救助机器人等。今后，通过这些努力，机器人的研发将更上一层楼。

图灵测试

英国天才数学家艾伦·麦席森·图灵（Alan Mathison Turing）是现代计算机概念的奠基人。他在第二次世界大战中破译了德军的密码"ENIGMA"，带领盟军取得了胜利，将战争结束时间提前了两年左右。

　　图灵测试（图 2-30）由图灵于 1950 年设计，是一种判定机器是否智能的实验方法。他将这项测试命名为"Imitation Game（模仿游戏）"，但通常人们称之为以他名字命名的"图灵测试"。

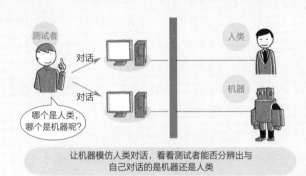

图 2-30　图灵测试

　　图灵测试就是让机器模仿人类对话，如果人类的判定者无法确定和自己对话的是机器还是人类，那就判定这个机器是有智能的。在图灵设计这个测试的时代，"机器能不能思考"是一个备受争议的问题。他没有直接解决这个问题，而是用"机器是否像我们这些能思考的人类一样？"这个问题取代了前面的问题。他提出的评估方法就是图灵测试。图灵提出的建议被广泛接受，但也有人持不同意见。第 6.1 节中介绍的哲学家约翰·罗杰斯·希尔勒（John Rogers Searle）的"中文房间"思考实验就是其中之一。

　　除了这些本质问题之外，图灵测试还存在一些实际操作上的难题。2014年6月7日，在图灵博士逝世60周年进行的测试中，出现了史上第一个图灵测试"通过者"。它就是由俄罗斯的弗拉基米尔·维西罗夫（Vladimir Veselov）和乌克兰人尤金·德姆琴科所研发的超级计算机"Eugene（尤金）"，在图灵测试中，33%的判定者没能分辨出和自己聊天的是机器。

尤金通过测试的原因之一在于其模仿的是一名13岁的乌克兰少年。由于测试使用的英语并非"他"的母语，所以"他"结结巴巴的英语让判定者觉得它具有人性。图灵测试本是一项判定是否智能的测试，但尤金的设计误导人们产生了错觉，认为它具有人性，所以才通过了测试。

目前，研究人员没有将图灵测试作为AI的评估手段。不过，由于其认知度较高，人们正在挖掘它的实用性，并提出了一些建议。比如说，就像让Torobo-kun参加东京大学入学考试一样，可以让AI参加人类的考试，根据考试结果进行判定；此外，测试的内容除了语言处理外还应该有身体性的内容，以适应现实社会。具体来说，就是让机器人按照自然语言编写的手册来进行家具组装等。这样的工作不仅需要自然语言处理，还需要视觉功能和身体控制等多个智能工作。

与图灵测试诞生的时代不同，现在的计算机具有眼睛、耳朵、嘴巴、身体等多种人体功能。现如今，图灵测试应该把目标设定为更接近人类。

Chapter

第 3 章
改变社会结构：
AI 的应用案例

Basics and new
trends of AI
————

3

　　如今各行各业都在探讨如何应用 AI，其应用场景不仅限于服务和产品的改善提升，它像一个引爆剂，创造了全新的商业模式，有更多的企业加入其中，也催生了许多新企业的诞生。

　　本章我们将根据目前每个行业所面临的挑战和趋势，为大家介绍 AI 的应用案例，并预测其发展前景。

3.1

Basics and
new trends
of AI

使用 AI 进行数据分析已成为可能：
农业

IoT 使得传感器越来越小，室外也能轻松使用的无线通信技术，以及已经能够取代专家进行分析工作的 AI，这些都促进了先进农业技术的逐步推广。

案例 1：蓝河科技的生菜机器人

美国的蓝河科技（Blue River Technology）[⊖]是一家将图像识别技术应用于农业的公司。Blue River Technology 开发了一种大型拖拉机，上面安装了多个用于喷洒农药的机器人。这种拖拉机又名"生菜机器人"，主要用于生菜的种植（图 3–1）。

一般情况下，在生菜的栽培中，除了精心除草之外，为了提高每株生菜的商品价值，还需要进行间苗。生菜机器人就内置了图像识别功能，能够识别杂草，还能够评估幼苗是否过密。这样一来，就可以只给有需要的地方播撒除草剂，在促进

⊖　蓝河科技（Blue River Technology）：2017 年 9 月，被美国大型农业机械公司迪尔（Deere & Company）收购。

生菜生长的同时，还成功地将农药的使用量减少了约 90%。与使用无线操控直升机等进行的"面"喷洒不同，机器人实现了农药的"点"喷洒。

图 3-1　Blue River Technology 的生菜机器人

注：该图源自 Blue River Technology，https：//www.wired.com/2016/05/future-humanitys-food-supply-hands-ai/。

Blue River Technology 能够研发出这项技术的原因在于，该公司的工程师在斯坦福大学进修了 AI 技术，另外，他们还获得了 AI 开发所必需的数据。生菜机器人所需的数据并不常见，需要生菜苗的图像，以及生菜地里较为常见的杂草的数据。这个例子告诉我们，对于成功开发出一个 AI 而言，获取特定领域的数据是多么重要。

案例 2：博世的 Plantect

博世（BOSCH）生产的产品既有汽车零部件，也有农业机械，范围十分广泛。Plantect 是博世针对农业提出的温室解决方案（图 3-2）。

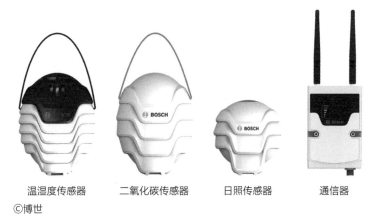

温湿度传感器　　二氧化碳传感器　　日照传感器　　通信器

©博世

图 3-2　博世的 Plantect

Plantect 是由传感器系统和通信设备组成的，传感器系统中包括温湿度传感器、二氧化碳传感器和日照传感器等。传感器获取的数据会被送到博世的云端，随时可以进行查看。AI 对这些数据进行分析后，会向生产者提供农药喷洒时间的建议，从而抑制植物疾病的发生。

Plantect 目前专门面向西红柿种植提供服务，博世称其预测准确率可达 92%。此外，该系统使用了远距离无线电（Long

Range Radio，LoRa）[○]技术，能耗低且具有无线通信功能，使用市面上销售的碱性电池就能运行约一年。

当农作物的疾病发展到肉眼可见的程度时再投放农药就有些为时已晚了，因此需要尽早捕捉其病变的征兆。BOSCH 瞄准温室栽培具有一定程度封闭空间的特性，将气候的差异控制在一定范围内，提高了传感器预测农作物病害的准确性。

使用 Plantect 后，生产者可以将农药的喷洒量控制在最低限度，降低了农药成本，减少了工作次数，也减轻了劳动负担。

博世的案例，是一个体现了农业从依靠生产者直觉和经验转为依据传感器数据的案例。

案例 3：Infarm 的零配送成本蔬菜

位于德国柏林的初创公司 Infarm 是一家为生菜和香草种植开发室内农场解决方案的公司（图 3-3）。

在一个像玻璃水槽的装置中，通过控制温度、湿度、光照以及水的用量和质量，可以一年 365 天在任何地方进行种植。Infarm 用它来培育对新鲜度要求较高的叶菜类蔬菜和香草，用来满足超市和餐厅的需求。与大型农场以较低成本所生产的传

_____

　　○　LoRa：省电，最远传输距离为 8 千米，属于低功耗广域（Low-Power Wide-Area，LPWA）技术。

统农产品相比，它的卖点是足以让人忽视其成本的新鲜程度和口感。而菜品的优质口感，依靠的就是基于数据的管理。

图 3-3　EDEKA 店中的 Infarm 垂直农场

注：该图出自 EDEKA，https：//www.edeka.de。

　　Infarm 将设置在各个地方的设备都接入了网络并建立了一个系统，由机器学习所构建的预测模型和栽培专家来统一控制这些设备。预测模型分析了约 50000 次种植数据，用来提高作物的产量和质量。

　　Infarm 的设备成品为模块形状，根据需要可以通过垂直堆叠或水平连接的方式轻松扩展。这一设计初衷是为了充分利用城市狭小的土地，就像数据中心的服务器能够任意扩展一样。

　　Infarm 与艾德卡（EDEKA）等德国大型超市合作，正在通过在其店内安装设备的方式扩大公司的业务。针对店铺内的垂直农场，目前正在计划根据顾客的需求进行菜品口味定制，顾客还能亲自体验收获的乐趣。在不久的将来，无论身处何方都能购买到个性化蔬菜的时代即将到来。

人工智能将农业的不可能变为可能

Blue River Technology 的生菜机器人通过将图像识别与机器人相结合，让烦琐的除草和间苗工作实现了自动化。在大型农场中，它能根据每株幼苗的生长状态进行细致的管理，可以说这是一个划时代的突破。

BOSCH 的 Plantect 可以高精度地捕捉到植物患病前的迹象，让机器拥有了只有熟练的生产者才具备的"直觉"。

Infarm 通过使用 AI，让分散在各地的植物工厂能够根据各自所处的环境进行调节。

上面介绍的每一个案例，都把以前的不可能变为了可能。应用 AI 技术后，基于数据而成的高效率生产方法今后还将不断涌现，以前我们想都不敢想的方法将会一个个变成现实。

3.2

AI 改变现实世界的服务方式：
电商、零售

电商[⊖]是 IT 的产物，在它诞生的同时，数据就成为企业的生命线，基于 AI 的营销方式也被广泛采纳。与此同时，为应对电商企业带来的冲击，零售业也正在加速引进 AI 和机器人。

案例 1：Amazon Alexa 创造的新零售渠道

Amazon 正在涉足不同行业，给人留下了创造性破坏者（Disruptor）的印象，而电商是 Amazon 的起点，在这一领域它也没有停下创新的脚步。Amazon 正在努力加强与客户之间的交互，它的"武器"就是 Amazon 自己开发的、并于 2017 年开始在日本发售的智能音箱"Amazon Echo（Amazon 回声）"系列（图 3-4）。

Echo 具备语音识别和语音合成的功能，将自然语言处理技术运用在了与用户的对话中，可以说是 AI 技术的集大成者。Amazon 已在美国推出"Amazon Echo Show"，该产品是

⊖ 电商：电子商务的缩写，指利用互联网进行的电子交易。

"Amazon Echo"的衍生机型，具有摄像头图像识别功能，并重点利用 AI 来加强与客户的交互。

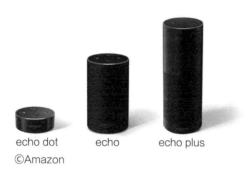

echo dot　　echo　　echo plus

©Amazon

图 3-4　Amazon Echo 系列

　　Echo 的目的之一是促使人们购买 Amazon 的付费音乐服务，但其真正的目的在于推广语音购买体验。

　　语音将会是取代网络和智能手机的全新用户界面，必然会吸引顾客。语音的魅力在于简单易用，非常适合人们突然需要下单购买某种商品的场景。比如，语音就非常适合日用品一类的商品，因为这类商品需要重复性购买，比起微小的差价，人们更希望能够尽快收到商品。超市往往会在收银台旁摆设货架，货架上摆放的大多是人们容易忘记购买的商品。Echo 的作用就是如此，它是人们身边距离最近的商店，人们可以借助它随时买到忘记购买的商品。

　　语音助手"Alexa"是 Echo 的语音识别等一系列功能单独形成的产品，可以搭载在其他公司的电器产品上。采用了

Alexa 的公司将能够获取 Alexa 提供的丰富服务，可以为其公司旗下产品提升价值。

而与此同时，Amazon 也将获得与客户的全新交互方式。这种平台化操作，让 Amazon 超越了在语音助手方面领先的 Apple 和 Google，成功地将自己的服务推广到了家庭中。

案例 2：Ocado 的线上超市

创立于 2000 年的英国奥凯多（Ocado）是一家没有任何实体店的线上超市。

该公司 2017 年年度报告显示，其每周处理的订单高达 26 万个。Ocado 拥有自己的配送网，顾客能够在早上 5 点 30 到晚上 11 点 30 之间以 1 小时为单位指定配送时间，方便快捷；其商品数量多达 5 万种，从蔬菜等生鲜食品到热销的高端食材，种类丰富，广受顾客好评。

2000 年，英国包括食品超市在内的一般商店，周日和节假日都是不营业的。人们希望能够有一家 24 小时营业的线上超市，不管是周日还是节假日都可以买到食品。这就是 Ocado 诞生的背景。

履单中心（CFC），这一采用了最新技术建造的配送中心是 Ocado 的运营支柱。最新建成的是位于英格兰安多佛的配送中心，它的建筑面积约为 2.2 公顷，可以容纳 3 个以上足球场。

而保障该配送中心正常运转的就是 Ocado 自主开发的商品存储系统（智能仓库，如图 3-5 所示）。

图 3-5　Ocado 的商品存储系统

注：该图出自 https://www.youtube.com/watch?v=iogFXDWqDak。

这个商品存储系统是一个巨大的立方体，棋盘状的货架中纵向堆叠着十几层普通纸箱大小的箱子，横向铺满了整个平面。在货架上方，自主开发的小型机器人以最高 4 米 / 秒的速度来回移动，从堆叠的箱子中取出商品。收集好的商品通过轨道运到拣货区，然后根据客户的订单进行装箱。

这个储存系统是由 AI 来进行管理的，其中一个任务就是调换商品的放置位置。放有商品的箱子是纵向堆放的，由机器人从上面取出，因此卖得越好的商品就越会被调整到上层。其具体摆放地点则是根据商品的出货数据进行模拟后决定的。

此外，AI 还负责优化机器人的拣货路线，确保 400 多台机器人避免碰撞，并优化每个机器人的行进路线。就像机场的控制塔台一样，这需要非常精确的计划，如果没有 AI 的话，是很难实现的。

老式仓库中，备齐一个订单的商品有时需要两个小时左右，而现在缩短到了 15 分钟左右。在安多佛的仓库中，部分商品引入了 AI 拣货机器人，每周处理的订单可多达 65000 个。

Ocado 将自己开发的这一系统命名为 "Ocado Smart Platform"，并为其他公司提供技术。英国的莫里森（Morrisons）和法国的卡西诺（Casino）等实体超市企业，都正在引进 Ocado 的技术来强化自己的线上部门。

2018 年 5 月，饱受 Amazon 压制的美国零售企业克罗格（Kroger）决定引进 Ocado 的技术。Ocado 的技术可以用来对抗 Amazon，因此特别受到经营食品超市的关注。

案例 3：在科技上奋起直追的京东

根据中国商务部 2017 年发布的统计数据，2016 年中国零售电商交易额达到 5.2 万亿元人民币，交易量全球第一。

在中国，近年来迅速成长的电商企业之一就是京东。作为一家互联网公司，京东在 2014 年获得了腾讯的注资，并通过 AI 对腾讯旗下的社交网络服务（微信）和支付服务（微信支付）的数据进行分析，加速了市场营销的升级。

与阿里巴巴相比，京东的特点是对自主配送服务的坚持。阿里巴巴将配送服务委托给第三方，而京东则从 2007 年开始构建自己的配送网络。此外，京东 85% 以上的商品能够当天或次日送达，平均配送时间仅为 1.3 天。支撑这一切的是京东在各地区所雇用的数以万计的快递员和遍布中国各地的仓库等物流系统。2017 年，京东在昆山投入使用的配送中心更是将 AI 和机器人技术结合起来实现了无人化。

京东的未来战略是推进"无界零售"。无界零售是指线上的电商和线下的实体店，以及物流相融合的零售商业的设想。融合后，消费者可以随时随地购买商品。这其中的举措之一就是 2018 年 1 月在北京开业的名为"7FRESH"的京东超市，店内配备了机器人购物车（图 3-6）。顾客只需打开智能手机的应用程序，扫描购物车上的二维码并戴上专用手环，机器人购物车就会自己跟在顾客身后了。机器人购物车在错综复杂的店内行进时需要随时躲避其他顾客，恐怕使用的就是在自动驾驶汽车当中也使用了的图像识别技术。

更为有趣的是，在结算时，在收银台排队的不是顾客，而是这些购物车。装有商品的机器人购物车会自己排队结账，顾客可以选择半小时后回来取货，如果在 5 千米范围

©京东

图 3-6　京东的机器人购物车

内，还可以选择当天配送。京东将 AI 与线上培育出的尖端技术融合在一起，将为实体店铺带来巨大的变革。

案例 4：Fellow Robots 新员工的诞生

Fellow Robots 是一家为零售业开发解决方案的美国初创公司。该公司开发了能够接待客人的机器人 NAVii（图 3-7）。

©Fellow Robots

图 3-7　Fellow Robots 的 NAVii 机器人

NAVii 是一款与人差不多高的自行式机器人，其触摸屏具有标示（广告）功能，可以通过语音识别功能与顾客进行互动，并自动引导顾客到商品所在的地方。

在亲身体验了 NAVii 的服务后就会发现，虽然它没有人类的外形，但它就像一个真正的店员一样。之所以能够达到这种效果，是因为 NAVii 的行为。它能够通过传声器识别声音发出的方向，它还能够通过摄像头识别人脸。因此，在和顾客交互时，它能够准确面向顾客的方向，实现与顾客的近距离交流。

现实的商店中有很多东西会让 NAVii 误以为识别出的对象是人类，比如说商品广告海报上的演员、电视上播放的节目等。因此，店铺中引入 NAVii 时，需要根据实际场景进行调整，以减少错误识别。

在对于商品引导需求较高的大型家居建材商店等店铺中使用 NAVii 来接待客人的效果较好。这是因为，这一类商铺销售的商品类型众多，且客人的来店频率并不高。与超市相比，客人对于这里的商品摆放并不熟悉，而且购买的商品中有很多是一年只会购买几次或是从来没有购买过的商品。因此，可以先由 NAVii 负责为顾客导航商品所在的位置，再由店员为顾客提供商品的使用方法说明等进一步的服务，以此来提高工作效率。

NAVii 还可以用于他途，比如盘点店面库存。NAVii 内置射频识别（RFID）扫描仪，可读取无线标签，将店内商品贴上

RFID 标签后，即可通过 NAVii 来掌握库存数量，而这一功能实际上已在美国的家居建材商店劳氏（Lowe's）中引进使用。

此外，Fellow Robots 还开发了一个名为 ReStore 的解决方案，该解决方案能够通过图像识别来检查商品缺货情况，并检查价签上的价格。这一解决方案或许将搭配 NAVii 的相机使用。Fellow Robots 将为能够在店铺内自由移动的机器人 NAVii 添加图像识别等 AI 功能，以满足各种类型商店的不同需求。

虚拟技术在现实中的传播

除了利用数据来进行营销升级外，电商企业还使得 AI 应用迈入了新的阶段。Amazon 正试图运用语音等多种 AI 技术，创造与客户的全新交互方式。

由互联网诞生的电商企业，即将超越智能手机等现有的设备，创造出一个与现实社会的全新接入点。

在与食品相关的超市领域，为应对 Amazon 带来的冲击，Ocado 应运而生。Ocado 的优势在于其拥有能够将货物在规定时间内送达的强大物流，而支撑这一切的就是基于 AI 和机器人的存储系统。该系统能够通过计算机模拟和优化仓库的运行方式实现快速出货，不少企业现在也开始引入这一系统。

此外，京东运用 AI 等最新技术，正在向实体店这一现实世界进军。针对零售，目前机器人能够用来接待顾客，还能够通过图像识别来确认商品等，这样一来，即使员工数量较少，也能确保店铺正常运营。

现在的电商企业，将其所积累的技术带入了现实世界，进入了下一个发展阶段。也许正因为电商企业是在虚拟世界、是在由 IT 构筑的数据世界中产生的，所以它们才能够洞察现实世界在数字化过程中所必需的技术。零售企业也在巧妙地吸收电商的技术，对店铺进行升级。今后，相关的技术水平也将随着电商与零售业的相互竞争而不断得到提升。

3.3　AI 创造的前所未有的服务：运输

近年来，人们出行的方式变得更为多样，有铁路、公共汽车、出租车、顺风车以及共享单车等。AI 将我们的出行升级，是这些新型服务产生的源头。

MaaS Global 的 Whim 带来了出行革命

人们的出行方式正在从使用汽车等交通工具向享受出行服务转变。为人们出行提供的服务称为出行即服务（Mobility-as-a-Service，MaaS）。

而将 MaaS 作为主营业务的公司之一就是 MaaS Global。在芬兰赫尔辛基，2016 年起人们开始使用一款名为"Whim"的智能手机应用程序来享受出行服务。具体来说，AI 会结合用户的需求，在铁路、公共汽车、出租车、共享汽车、共享单车等资源中进行匹配，为用户提供出行建议以及交通工具的预约和费用的支付（图 3-8）。

图 3-8　MaaS Global 的 Whim 服务界面

注：该图出自 MaaS Global　https：//whimapp.com/。

Whim 有三种套餐：第一种是按次付费套餐；第二种是公共交通无限次乘坐 + 积分套餐，积分可用来支付出租车等其他交通工具的费用；第三种是区域内指定交通工具无限次乘坐套餐。用户可以通过 Whim 完成所有支付，方便快捷。

Whim 同时也能够解决社会问题。具体而言，它能够改善人们出行中的"最后一公里"问题，能够提高铁路和公共汽车的使用频率，减少私家车出行，从而缓解交通拥堵。通过 IT 的力量，我们无须为新的基础设施投资也能够解决城市的难题，因此备受瞩目。

Whim 的服务之所以能够实现，还与公共交通和运输公司全面开放应用程序编程接口（API）、各公司向社会公开服务紧密相关。Whim 于 2018 年 4 月在英国伯明翰投入运营，并计划进入亚洲新加坡市场。由此可以看出，城市的出行问题是可以通过 AI 匹配来解决的。

摩拜⊖的共享单车

源自中国的共享经济，共享单车正在世界范围内迅速扩展业务。摩拜单车于 2016 年 4 月在上海推出共享单车服务，并通过运用 AI 等技术积累了大量用户。

摩拜单车中内置了手机电路，能够使用智能手机解锁。具体操作方法是，先下载一个专用的手机应用程序，然后扫描自行车上的二维码，当场支付后就可以骑行了。其自行车还内置了 GPS，可以通过 App 轻松查找周围的自行车停放在哪里（图 3-9）。

　⊖　摩拜：2020 年 12 月 14 日，摩拜单车停止服务，全面接入美团，更名为"美团单车"。——译者注

骑行费用在中国设定得非常便宜，每半小时 1 元左右。首次绑定时，需要缴纳 299 元的押金，但如果在支付宝等支付服务所运营的信用评价体系[⊖]中达到一定分数以上，就可以免押金骑行。

图 3-9　摩拜单车服务画面

注：本图出自 Mobike https：//mobike.com/jp/。

AI 解决了共享单车所遇到的难题。其一是单车的投放问题，通过 GPS 可以掌握所有自行车的位置，在此基础上通过 AI 可以构建出更高效的回收路线。另外，用户的使用情况全部数据化，通过 AI 能够预测哪里的单车使用频率最高，然后安排工作人员投放。

───────────

⊖　信用评价体系：详见第 4 章末尾的延伸阅读。

此外，如果单车停放在 GPS 和手机信号较弱的地方或者车辆出现损坏，那么对于回收工作来讲是十分困难的，为此摩拜建立了一种机制，那就是发动用户。具体来说就是，当用户发现问题车辆后，上报给摩拜单车可以获得 1 分。摩拜单车会对用户进行评分，分数从 100 分起步。只要没有发生特殊情况，用户每次使用都能获得 1 分。反之，如果有违规行为，比如将车辆停放在了禁停区域，就会扣 20 分。如果积分不足 80 分，每骑行 30 分钟要追加 100 元的罚金，这实际上也就相当于无法使用了。由此，摩拜单车不仅促进了用户的文明骑行，还成功地减少了维护和管理的麻烦。

摩拜单车将收集到的数据通过 AI 进行分析，并试图以此来改善城市交通。例如，通过分析各个时间段共享单车的使用程度，可以重新规划公共汽车和地铁的运行时间。

除此之外，年龄等属性信息还可以用于店铺的营销。2018 年 4 月，摩拜单车被美团点评收购，这次收购或许瞄准的就是摩拜单车用户所带来的海量数据。

空客飞行汽车 City Airbus

欧洲大型飞机制造商空中客车（Airbus）正在开发空中飞行汽车"City Airbus"。City Airbus 是由空客直升机制造部门（Airbus Helicopters）所生产的一款 4 人座巨型无人机，目标是在 2023 年前投入使用。

　　City Airbus 的巡航速度为千米 / 小时，它的设计定位是点对点的班车，适用于交通拥堵频发的城市地区。这项服务在开始阶段将使用有人驾驶的形式，未来计划实现 AI 的自主航行。使用计算机来操控飞机，不仅能够降低聘用飞行员的成本，还能多出一个乘客席位。

　　空中客车公司着眼于未来，还打造出了"Pop.Up"这一概念交通工具（图 3-10）。Pop.Up 是与汽车和工业产品设计方面享誉世界的意大利公司意大利设计（Italdesign）合作的。Pop.Up 展示了面向个人运输服务的未来，是以电影中宇宙飞船的运输舱为基础设计而成的，行驶时的形态还是汽车。用户在乘车时可以指定上车地点和下车地点。

©Airbus

图 3-10　空客的 Pop.Up

车内的用户界面将使用语音识别和手势、人脸识别等 AI 技术来确认乘客信息。其重点在于堵车时的应对方法。使用 Pop.Up 时如果遇到堵车，则 AI 会从基地呼叫无人机，就像机器人动画中的场景一样，无人机到达现场后，将会与乘客舱对接，变身为无人飞机飞往目的地，而汽车的轮胎等车架部分则会留在原地，然后通过自主驾驶功能自行返回运输基地。这项充满未来感的设计走在了时代的前沿，非常具有"意大利设计（Italdesign）"的风格。

空中客车公司还开发了一款融合了目前直升机和飞机技术的"Vahana"，并在 City Airbus 的基础上进行小型飞机的设计，这将是未来空中运输革命的核心。而它们的共同点在于，服务的核心都是将由 AI 进行自主飞行。

AI 创造出前所未有的新服务

除了上述案例外，AI 还被用来提高现有工作的效率，比如中国香港地铁检查人员的调度就使用了 AI。而另一方面，AI 也为我们带来了新的运输服务。

Whim 通过 AI 将出租车等个人服务与高效运送大量人员的公共交通系统连接起来，减少了私家车的使用、缓解了交通拥堵并解决了环境问题。

共享单车企业利用 AI 的数据分析，改善了共享单车的盈利模式，并获得了出行数据这一新的资源。

AI 又化身飞行员，使空中飞行这一新型出行方式在未来成为可能。今后，人们出行的选择将会越来越多。根据个人需求再结合 MaaS，AI 将为我们提供个性化的调整。

3.4　　向 IT 公司转型的金融机构：金融

Basics and
new trends
of AI

金融领域也是积极投资 AI 的业务领域之一。欧美的金融领域在改革客户服务、提高工作效率和工作流程自动化中开始大量使用 AI，可以说 AI 已经成为竞争力的最大源泉。

对 AI 的期待和投资持续高涨

金融行业的 AI 投资变得活跃起来。调查咨询公司 IDC 的调查结果显示，2016 年的 AI 支出约为 60 亿美元，其中 1/4 来自金融机构。在欧美，发生了一件令人震惊的事，那就是高盛集团通过实现证券交易的自动化，将平均年薪 50 万美元的交易员从 600 名锐减到仅剩 2 名。人们对通过 AI 来加速实现自动化和高效化的期望越来越高。

除了证券交易，高盛集团还投资了一家名为 Kensho 的初创公司，该公司为金融市场分析和研究领域提供 AI 解决方案，高盛也引进了该公司的技术。Kensho 的 AI "沃伦（Warren）"是一种具有自然语言界面的金融市场分析解决方案（图 3-11），用户可以向其咨询诸如 "某恐怖袭击对大宗商品价格有何影响？""如果油价下跌 10%，对标普 500 有何影响？"之类的问题。

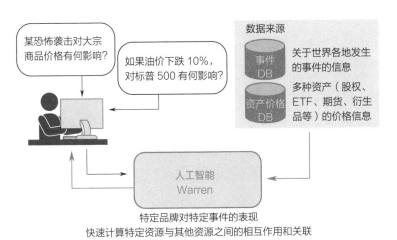

图 3-11　Kensho 的人工智能 "Warren"

注：野村综合研究所根据公开资料制成。

Warren 的预测模型可以预测品牌应对这些事件的表现及其对资产的影响，因此可以马上回答用户提出的问题。《纽约时报》报道称，高盛的工作人员表示："沃伦的表现让人惊讶，我们需要一个星期完成的工作，它一瞬间就能完成。"

通过引进 AI，缩短现有业务处理时间的例子不仅限于市场分析。大型金融机构摩根大通公司在 2016 年 6 月利用 AI 来解析商业贷款的合同内容。该公司使用的名为"Contract Intelligence（COIN）"的 AI 在几秒钟内就能完成以往法律专家和融资负责人每年需要花费 36 万小时才能完成的工作。

在金融行业，除上述业务外，AI 还有望应用于客户交互、风险评估（包括贷款审查）、投资及投资组合管理、IT 管理和反洗钱等多项业务。

聊天机器人改变了与客户的交互方式

聊天机器人是欧美金融业应用较多的 AI 解决方案之一。2017 年 3 月，美国大型金融机构——美国第一资本投资国际集团（CapitalOne）启用名为伊诺（Eno）的聊天机器人服务，能够通过短信息服务（SMS）帮助客户进行信用卡支付服务，还可以查看当月的账户余额和信用卡历史记录。最近，欧美的金融机构已经普遍开始提供这种相对简单的服务。

如果要想让聊天机器人提供更为高级的服务，则需要让其具有金融行业特有的一些知识。美国军人金融服务提供商 USAA 与初创公司 Clinc 合作，开始为客户提供聊天机器人服务（图 3-12）。Clinc 正在开发一个掌握了金融行业相关知识的高级自然语言处理引擎，以及具有机器学习功能的聊天机器人。USAA 通过使用 Clinc 的技术，为用户提供了能够使用自然语言的对话服务，而不再局限于固定的语言。

TDBank 是加拿大五大银行之一，通过与从 SRI International 中独立出来的 Kasisto 的合作，实现了高级聊天机器人的应用。Kasisto 的聊天机器人平台 KAI 允许用户注册行业相关的特有知识，由此通过深度学习实现了更为自然的对话。Kasisto 专注于金融领域，该公司的解决方案还被星展银行（DBS Bank）、万事达卡（MasterCard）等金融机构所采纳。

图 3-12　USAA 聊天机器人

注：野村综合研究所根据 USAA 的公开资料制成。

最近，除了聊天机器人这种文本形式，Amazon Alexa 和 Google Home 等以语音为界面的智能音箱平台的应用也在不断扩大。语音识别服务既适用于不习惯文本输入的用户，也适用

于因为工作等双手均被占用的场景。因此，这一新设备的出现或将进一步扩大人们与这些通过 AI 技术实现了日常对话的企业之间的交互。

在日本，瑞穗银行也在 2016 年 8 月利用英文版 Amazon Alexa 技能开发了一个服务原型。该行于 2017 年 11 月开始在日本为用户提供账户余额和存取款记录查询服务。

投资组合管理

在投资组合管理领域，机器人顾问已经兴起，但目前的情况是，很少有机器人具备 AI 可以直接为客户提供投资和组合建议的功能。

美国初创公司 ForwardLane 的 AI 无法直接向客户提供建议，但该 AI 解决方案具备了面向理财规划师（FP）的自然语言界面。利用 ForwardLane，FP 可以在与客户通话的同时，通过聊天机器人向 AI 寻求建议。

即使 FP 突然接到没有预约的客户的电话，也不必慌张。因为它可以针对该客户的情况直接向聊天机器人提问，比如说"应该推荐什么样的投资组合？"，AI 会考虑客户当前的投资组合和投资偏好，立即显示出推荐的投资组合。在过去，这可能需要进行 8 个小时的准备工作。

此外，ForwardLane 还能自动从各种信息（新闻、分析

师报告、公司财报等）中提取引发对话的话题。早上启动
ForwardLane，就会自动显示出当天的相关话题。如果想详细了
解某个话题，可以在聊天中进行详细询问。此外，它还会提示
我们市场对这个话题的反应是积极的还是消极的、相关股价的
走势，以及积极或消极反应的理由等。

　　如果由 FP 自己来准备这些信息，需要付出相当多的时间
和精力，但如果使用 ForwardLane 这一 AI 解决方案，那么就可
以随时获取 AI 给出的答案。而 FP 可以将以前准备这些材料所
花费的时间用于与客户的交流上——这才是更应该花费时间做
的事情。在金融机构中，AI 的运用不仅仅是单纯地提高效率，
在提高客户价值的贡献上也是尤为重要的。

3.5　AI 对汽车的改变：汽车

　　福特 T 型汽车诞生于 1908 年，至今已有 100 多年的历史，
在全球卖出了上千万辆车。汽车行业目前正处于电动化和实现自
动驾驶的巨大变革期。

NVIDIA 的 AI Co-Pilot

　　NVIDIA 是一家图形处理器（Graphics Processing Unit，

GPU）制造商，于 1993 年诞生于美国。该公司在 21 世纪初迅速推进技术开发，将 GPU 的高计算性能成功应用于图像处理以外的领域。2007 年，NVIDIA 发布了统一计算设备架构（Compute Unified Device Architecture，CUDA），促使通用图形处理器（General-Purpose Computing on Graphics Processing Units，GPGPU）得以广泛应用。之后，GPGPU 成为深度学习的研究基础，帮助 NVIDIA 确立了其 AI 公司的地位。

现在，NVIDIA 与数百家公司建立了汽车相关技术开发合作关系，包括丰田汽车等整车制造商、BOSCH 等汽车零部件制造商以及汽车软件供应商。这些企业试图通过 NVIDIA 来获得 AI 这一能够左右公司未来发展的技术。此外，NVIDIA 在传统汽车工业的金字塔结构中并没有自己的位置，但它通过吸引一些著名的汽车制造商，为自己创造了一个商业生态系统。NVIDIA 为汽车工业开发了许多产品，其中最有趣的是"AI Co-Pilot"。AI Co-Pilot，顾名思义就是辅助驾驶员的"AI 副驾驶"。它通过面部识别来起动发动机，而不是通过车钥匙；它还可以通过车内摄像头跟踪驾驶员的视线，如果驾驶员没有发现在试图横穿马路的行人，那它就会自动制动或发出语音警告。通过应用自动驾驶技术，能够随时识别和预测汽车周围的情况，从而保障安全驾驶。驾驶员和 AI Co-Pilot 可以通过语音进行交互，并且内置了"读唇功能"，在行驶中噪声较大的情况下可以捕捉驾驶员嘴唇的活动来读取对话内容（图 3-13）。

这一系列功能就像 20 世纪 80 年代美国电视剧"霹雳游侠（Knight Rider）"中主人公的好搭档（人工智能）一样。

图 3-13　NVIDIA AI Co-Pilot 的视线追踪和读唇功能

注：该图出自 https：//www.youtube.com/watch?v=h9npvMFI-mc。

NVIDIA 预计，即使在完全自动驾驶的无人驾驶汽车投入实际应用后，人们也依然会为享受驾驶的乐趣而亲自驾驶汽车，因此就需要像 AI Co-Pilot 这样的高级驾驶辅助功能。大众集团正在就 AI Co-Pilot 的实际应用进行开发，比起无人驾驶汽车，或许在不久的将来，我们就能买到具有高级辅助驾驶功能的汽车。

另一方面，NVIDIA 作为计算机图形处理器制造商，还拥有虚拟现实（Virtual Reality，VR）技术。通过这项技术，NVIDIA 正在开发一种在虚拟空间中进行汽车设计的"Holodeck"技术。这是一个支持多名设计人员利用高清 VR 和 3D 模型来进行结构设计的系统，可以通过模拟来对汽车车身轮廓及仪表显示等进行调整。未来，AI 在汽车工业中的应用将会进一步加快，而相关的新技术也将会反哺其他行业。

通过声音来识别车辆故障迹象的 3DSignals

以色列初创公司 3DSignals 正在开发一种能够通过 AI 来捕捉机器故障迹象的技术。该公司的技术特点在于，其并非捕捉振动等机器的直接变化，而是能够通过捕捉振动等间接产生的声音来识别故障的迹象。

与安装在机器部件上的传感器相比，这项技术可以一次捕获更大范围内的异常。另外，由于使用了超声波传感器，因此该技术最大可以采集 100kHz 范围内的声音，能够收集到比人类可听范围（20Hz~20kHz）更多的信息。

3DSignals 技术的一个应用领域就是汽车。欧洲大型汽车制造商已经考虑将其应用于未来的无人驾驶汽车中。目前，如果车辆发生故障，则必须首先由驾驶员进行识别判断，然后采取相应措施。但无人驾驶汽车是没有驾驶员的。而且，如果乘坐无人驾驶出租车短途出行，即使在 10 分钟左右的车程中感觉到了一些异常，乘客也不会太在意，可能也不会上传异常。正因为如此，无人驾驶汽车需要具有高度的自检功能。

3DSignals 技术不仅可以应用于工厂的工业机械，还能够广泛应用于发电厂的涡轮机等机械系统。从汽车售后服务升级的角度来看，这项技术能够识别故障预兆，事前进行保养检查，既能提高安全性，又能降低保养成本。

滴滴的洪流联盟（D-Alliance）

2018 年 4 月，滴滴出行发起了名为洪流联盟（D-Alliance）的企业联盟。D-Alliance 致力于为汽车共享服务开发出更为理想的电动汽车（EV）。丰田汽车和大众集团等整车厂商，以及多家零部件厂商在内的 31 家企业成为首批洪流联盟成员。

滴滴于 2012 年在中国推出出租车叫车服务，随后进入顺风车市场，并于 2016 年收购了竞争对手优步（Uber）的中国业务，拓展了市场份额。汽车制造商瞄准的正是叫车服务所获得的海量行驶数据。D-Alliance 能够通过 AI 分析滴滴的上亿条用户数据，以此来准确掌握汽车所需的性能以及驾驶方法。也就是说，滴滴将通过积累的数据和 AI 来亲手打造出最适合自己业务的汽车。

AI 为汽车带来的革新

毋庸置疑，AI 是自动驾驶的必备技术，伴随 EV 的普及，AI 为目前的汽车产业带来了一场巨大变革。

在不久的将来，诸如 NVIDIA 的 AI Co-Pilot 这样的 AI 辅助驾驶功能，将会像现在的汽车导航一样普遍。除了行驶性能和安全性之外，AI 还将为使用者带来舒适性。

在汽车制造方面，用户的海量数据将会被加速运用到汽车

设计中，就像滴滴。AI 将改变汽车的制造，诞生新的功能，今后也将持续给我们带来惊喜。

在无人驾驶的未来，汽车将不再仅仅是个人所有的能够带来驾驶愉悦的商品，而将成为一种群体共享和高效的出行方式。可以预见，AI 的进化甚至将会改变汽车的定义。

3.6　AI 加速施工现场的数字化：建筑

Basics and
new trends
of AI

AI 已经开始运用于从设计到施工的各个环节。未来，AI 与机器人融合的新技术将有可能给施工现场带来重大改变。

Skycatch 的无人机测量技术

旧金山初创公司 Skycatch 开发了一种能够使用无人机进行测量的技术。通过 AI 分析无人机获得的航拍图像，能够生成精确的三维测量图，误差仅在 1 厘米以内（图 3-14）。此外，通过数据分析，还能够根据与前一天的高度差来定量测量沉积物的排放情况。

建筑工地经常面临的一个难题就是规划时的图样与实际工地之间的偏差。随着工作的推进，随时可能会改变渣土车的数量，因此，为最大限度地使用现场的资源，周密的计划和进度控制是至关重要的。为了修正这一偏差，每天都需要人工进行测量，这就成了一个负担。

图 3-14 叠加 CAD 结构数据的航拍图像

注：该图出自 skycatch，https://www.skycatch.com/gallery/。

使用 Skycatch 无人机，在每一天、同一时间、同一路线进行定点观测飞行，就能够全面掌握作业进行情况。例如，如果发现有挖掘进度稍慢的地方，就可以马上采取措施，比如重新安排、增派人手，或者是增加挖掘机等设备。

中国的大疆（DJI）在无人机制造领域处于世界领先地位，2018 年 3 月，Skycatch 与大疆合作开发专机，获得了长时间飞行及解析所需的高画质航拍图像技术。此外，该机体还可用于环境恶劣的建筑工地，具有防雨、防沙等功能，耐用性能高。

在日本，小松（KOMATSU）采用了 Skycatch 的解决方案。在小松正在推进的智能施工[⊖]的基础建设中，就将该技术投入了工地的实际应用中。此外，图像识别技术还扩大了其应用范围，例如，它可以用来统计森林中树木的数量，有助于掌握森林资源（图 3-15）。

图 3-15　通过图像识别从航拍图像中统计树木数量

注：该图出自 skycatch https：//www.skycatch.com/enterprise/。

Autodesk 将 AI 与设计结合

欧特克（Autodesk）是一家美国供应商，主要开发制造业和建筑业所使用的计算机辅助设计（Computer Aided Design，CAD）软件。Autodesk 的目标是实现"衍生设计（Generative design）"，即在 CAD 中通过 AI 和人的协作，将"设计"转变为"搜索"（图 3-16）。在操作时，AI 会提供几个候选设计，

　⊖　智能施工：小松集团提出的施工现场解决方案，通过信息通信技术连接各个建筑机械来解决施工现场的问题。

人们只需要从中进行评估和选择，重复这个动作来推进设计的
进行。

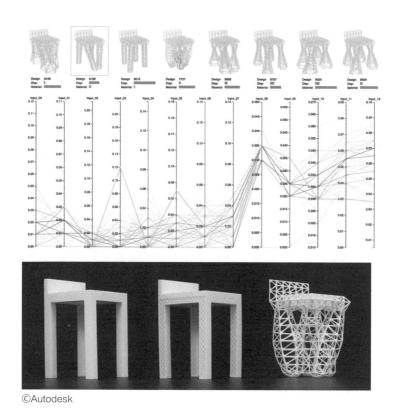

©Autodesk

图 3-16　Autodesk 的 Generative design

　　其中一个应用案例就是航空巨头空客。2018 年后投入运营
的空客最新的 A320 系列飞机，就使用这一方法设计出了"仿
生"机舱隔离结构。在设计过程中，设计师设定出隔离结构的

重量、强度、厚度、外形等限制，AI 生成了 1 万多个满足这些条件的设计，然后再由人进行评估。最终的设计是用 3D 打印机成型的，与空客传统的类似设计相比，重量减轻了约 30 千克，仅为传统设计的 55%。据估计，这将有助于每年节约大约 3180 千克的喷气燃料。

在建筑领域，Generative design 被用于 Autodesk 多伦多办事处的布局设计。办公室设计中，人的舒适度是一个很难参数化的问题（图 3-17）。因此，在 AI 进行设计后由人来进行评价的这一点就发挥了重要的作用。

Generative design 可以说是设计工作演进的一个方向。

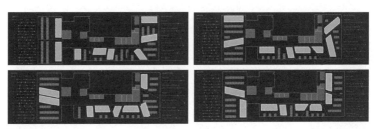

©Autodesk

图 3-17　Autodesk Generative design 示例：办公室布局

AI Build 提升了 3D 打印机性能

来自英国的初创公司 AI Build 是一家 3D 打印机自主开发公司。传统的叠层 3D 打印机是在结构框架内一层一层地堆叠材料来打印出物体的，因此打印的速度相对缓慢，无法打印出太大的东西。而 AI Build 的 3D 打印机没有结构框架，采用的是德国工业机器人制造商库卡（KUKA）制造的臂式机器人（图 3-18）。机器人装有 3D 打印材料挤出机，如能够挤出塑料的塑胶枪等，并能够根据图样来控制手臂完成打印。此外，它还装有摄像头，通过图像识别，可以判断成品与设计图之间是否存在误差。为了缩小误差，它还使用了 AI 技术进行反复学习，是一台越用越聪明的 3D 打印机。

图 3-18　AI Build 3D 打印机器人

注：该图出自 AI Build，https：//ai-build.com/。

AI Build 3D 打印机可以用于建筑业。使用 3D 打印机能够创建出前所未有的复杂结构，从而满足建筑设计需求，增强设计性。此外，3D 打印机还能够在施工现场使用建筑材料定量打印出所需的形状，尽可能减少废料的产生。

2018 年 1 月，AI Build 的技术被实际运用到了伦敦一家著名设计师的精品店的装修中。此外，该公司也在探讨如何将公司产品大规模使用于工厂中，未来有望在制造业以及与制造业相关的广泛领域中得到应用。

AI 加速建筑行业数字化

建筑行业的数字化，正在从使用 CAD 等计算机设计图的阶段走向将 AI 运用于设计本身的新阶段。

施工现场面临的测量问题，目前通过无人机这一技术和 AI 的结合已经实现了自动化。前面介绍的 Autodesk 和 Skycatch 已达成合作关系。现场的测量数据，今后或将与设计相结合，并在实际建造过程中随时检查与图样之间的差别，从而将问题扼杀在摇篮中。

今后，从设计到施工的所有工作将实现数字化，建设所需的所有数据都将串联起来。AI 从真实世界中提取数据，然后在虚拟世界中辅助设计，将在各个场景中发挥着重要的作用。

3.7　AI 激发新价值：电力

随着太阳能发电和蓄电池等能够产生、储存、消耗电力的物品的增加，人们开始关注 AI 如何将其进行整合管理，并孕育新的服务。

ABB 的电力行业解决方案

ABB（Asea Brown Boveri）是一家总部位于瑞士的工业机械和重工业产品公司。该公司在 1988 年合并前，其前身的 Asea 和 Brown Boveri 两家公司就一直从事发电机、变压器以及电网等业务，拥有先进的电力相关技术。

ABB 为电力行业推出了虚拟发电厂（Virtual Power Plant，VPP）解决方案——ABB Ability Virtual Power Pools（图 3-19）。

所谓 VPP，就是把安装在住宅屋顶上的太阳能发电设备、火力发电设备等发电系统，与在家庭中开始普及的能够存储电力的蓄电池和工厂等耗电设备三者打包在一起，将其作为一个发电站进行控制。对于电力，VPP 的参与者既可以在 VPP 内进行调整，还能够在第三方运营的电力交易市场上进行交易。例如，在电力交易市场供需紧张时，VPP用户可以通过向外输送电力来获得收益；用户还能够控制用电量，以应对峰谷电价。

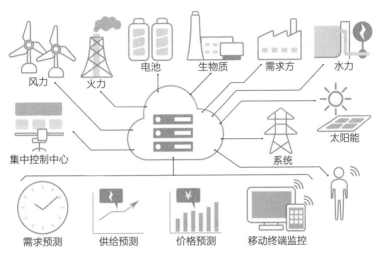

图 3-19 ABB Ability Virtual Power Pools 概念图

注：该图片出自 ABB Bai ley Japan， 在 http：//tech.nikkeibp.co.jp/dm/atcl/news/16/ 030910864/?SS=imgview_msb&FD=844704815 基础上绘制。

VPP成功的关键之一是有竞争力的电源。有竞争力的电源的衡量标准有几个方面：发电成本低、受天气等自然影响小、便于使用IT技术控制等。VPP增加了发电源的多样性，因此在电力交易中占据了有利地位。而作为统括和协调的角色，AI是必不可少的。

ABB Ability Virtual Power Pools 模拟了多个可调功能，可提供时间间隔为3秒的近乎实时的设备监控。2009年成立的德国

VPP 服务公司 Next Kraftwerke 就采用了这一解决方案。

Next Kraftwerke 在比利时、奥地利和意大利等欧洲地区提供服务，根据其官网发布的信息，截至 2018 年 4 月，该公司控制了 4583 兆瓦的电力，并整合了 5477 个设施。它并不具备任何发电设备，而是通过控制调度来自第三方的电源实现盈利。

Next Kraftwerke 针对发电设施的数据、电力交易价格，以及市场状况和天气数据等实时数据进行分析，分析中应用了 AI 技术进行需求预测、发电量预测以及市场交易价格的预测。这些预测结果用于设备的运行计划和市场交易，例如，如果从气象预测中得知明天是阴天而无法利用太阳能发电，就会制订相关计划增加沼气的发电量。

ABB 为了进一步推进 AI 的运用，于 2017 年与 IBM 合作。IBM 在 2016 年收购了拥有先进天气预测技术和天气数据的 The Weather Company。ABB 试图将其所积累的电力行业的知识与 IBM 的优势相结合，通过提高电力需求预测等方式，优化 VPP 的解决方案。

Moixa 系统结合了太阳能发电与蓄电池

Moixa 是一家开发 AI 蓄电池系统的英国初创公司，其产品（图 3-20）将太阳能发电设备和蓄电池有机结合起来。太阳能在白天产生的电力会储存在蓄电池中，除了供夜间使用外，AI 还可以根据各个家庭的电力消耗模式和当地的气象数据预测今后的使用量，从而将剩余电力进行出售。相反，如果预测显示接下来几天的天气不好，无法利用太阳能发电，其将会趁夜间等电费便宜的时段给蓄电池进行充电，以供应白天使用，从而降低电费。Moixa 系统也可以为 VPP 服务公司提供电力资源。

图 3-20　Moixa 产品示例

注：该图出自 Moixa，https://www.moixa.com/solar-battery/。

目前，蓄电池的价格也在顺势下降。家用电池的主流——锂电池 2016 年的价格比 2010 年下降了 73%[○]。当前，我们习惯于电力公司使用火力发电站等大型设备发电并提供给用户。然而，随着太阳能发电设备和电动汽车的普及，预计今后将进入分散式电源时代，城市中将设有多处小型发电源。电源将从集

○ Bloomberg New Energy Finance 2017 年的调查结果。

中式过渡到分散式分布。

　　德国的 Sonnen 和销售电动汽车的特斯拉旗下的 Powerwall 正在着手将蓄电池与 AI 控制功能相结合，进行智能电池的开发和服务，今后这项技术很有可能得到普及。随着这些新电源的增加，收费标准也将更多元化，而 VPP 服务的价值也将会提高。

戴姆勒的新一代电动汽车

　　汽车制造巨头戴姆勒基于新一代电动汽车的概念，正在开发 "Smart Vision EQ for two"（图 3–21）。这款电动汽车的设计目标是应用于共享汽车等出行服务。戴姆勒旗下拥有汽车共享服务 car2go，目前使用的车型一部分是市场上销售的小型电动

©Mercedes-Benz

图 3-21　戴姆勒新一代电动概念汽车 Smart Vision EQ for two

汽车。Smart Vision EQ for two 正是基于这一点而发展起来的。

　　Smart Vision EQ for two 的特点之一就是没有驾驶席，驾驶全部由 AI 实现的自动驾驶来完成。另外，与现在的汽车共享服务一样，不需要乘客去寻找空车，车辆会根据乘客的需求自动开到乘客身边。

　　car2go 还提供 "Free Floating" 服务，允许在指定区域内弃车，方便快捷。戴姆勒将此更进一步，加入了自动驾驶技术，目标是打造一款能够在充电时间外随时提供服务的、不需要停车场的电动汽车。在此之前还要解决的一个问题就是电动汽车与电力的融合。电动汽车普及的挑战之一就是为电动汽车充电建立新的供电设施和电网。

　　对于这一点，可以利用 AI 让电动汽车自己寻找可使用的供电设备进行充电，从而提高设备的运转率，将投资控制在最低限度。而其连带效果就是可以起到调节电网的潮流反向作用。潮流反向是指由个人或企业拥有的发电设备通过售电进行的输电行为，如果在特定时间或地区发生重叠，则不仅无法正常售电，电网的调度难度也会加大。我们也可以将电动汽车看作一种储存电力和输送电力的蓄电池组合。因此，电动汽车不仅能够消耗各地生产的电力，在某些情况下还能够成为电网，将这些电力从某个地方准确输送到另一个地方。

AI 激发电力数字化效应

目前，日本电力行业正在讨论 4 个 "D"。具体而言，4 个 D 包括通过扩大引进可再生能源实现低碳化（Decarbonazation），从使用大型发电设施的集中型转变为在消费者周围发电用电的分散型（Decentralization），对电力零售自由化放宽管制（Deregulation），以及通过数据收集和分析产生新服务的数字化（Digitalization）。

数字化能够预测设备的故障，还能提高发电效率，但其作用并不局限于此。

数字化可以说是另外 3 个 D 所带来的挑战，也是新商机的关键，AI 在其中承担着重要的作用。在 ABB 推进的 VPP 案例中，AI 是一个协调的角色，能够稳定电网、化身交易中介，从而产生新的利益。蓄电池是 VPP 的重要资源，正如 Moixa 的案例所示，AI 控制正在成为不可或缺的存在。

从戴姆勒的愿景中我们可以看到，在不久的将来，通过 AI 实现自动驾驶的电动汽车在与电力的融合上存在着无限可能。

3.8 AI 带来进化：娱乐、体育

电视上播放着全民追捧的节目，所有人都在消费和享受着同样的内容，这一生活方式或将被 AI 改变。而在体育方面，人们已经开始尝试利用 AI 来提升运动员的技能。

Netflix 的 AI 分析

网飞（Netflix）是一家从事视频分享服务的美国公司。其业务范围涵盖全球，2017 年用户数已达 1 亿。Netflix 储存了大量个人信息并将其成功运用于商业，与其他三家同类型公司合称为 FANG[⊖]。

Netflix 成立于 1997 年，主要销售 DVD。此后，该公司于 2007 年推出了基于互联网的 DVD 租赁服务以及视频分享服务，这部分目前仍是其主要的收入来源。随着互联网的普及、网络的提速以及智能手机的出现，该公司的服务随着网络的"进化"而扩大，始终为客户提供最佳的视听体验，由此不断成长起来。

⊖ FANG：指 Facebook、Amazon、Netflix、Google。原为美国股票评论家吉姆·克莱默创造的新词。

促使 Netflix 用户大幅增长的原因之一是，用户在家中观看到一半的内容可以在旅途中使用智能手机继续观看，十分便捷。这一功能其实就是充分利用了互联网的快速化以及智能手机等设备的优势。

Netflix 用户增长的另一个因素是，其可以利用 AI 通过视听数据来分析用户需求。在 DVD 销售方面，它就能够从销售趋势中推测未来的畅销规模，从观看历史中分析用户偏好，从而提供商品建议。

该公司领先于其他公司的就是在视频服务中对个人观看模式的分析。其在用户观看记录的基础上更进一步，深入分析了作品的每个场景，获取了更为详细的行为数据，比如反复观看了哪些场景、在哪些地方暂停、跳过了哪些场景等。通过分析这些数据，就能够挖掘出用户对内容的需求，而这是仅靠分析单个作品很难发现的。

此外，Netflix 还坚持改进用户操作界面。为随机选择的用户提供了多种设计的操作屏幕，并通过获取和分析实际使用数据来开发出更好的界面。

另外，Netflix 还在利用视听数据进行新尝试，那就是内容的制作。Netflix 会自己搭配著名的导演和好莱坞演员，为用户打造出他们最想看的内容。

2017 年，Netflix 在内容制作上花费了大约 60 亿美元。这一金额仅次于华特迪士尼旗下的体育内容制作公司 ESPN，位居行业第二。之所以敢花费如此巨资，也是因为其销售战略源于的是扎实的数据基础。

华特迪士尼在电影制作中的 AI 应用

华特迪士尼公司是一家从事主题公园运营、电影制作、电视台和视频分享服务的美国综合娱乐公司。

迪士尼其实也是内容制作方面的技术研发先锋。世界上第一部有声动画就是华特·迪士尼的《威利号汽船》。即使在动画进入计算机图形（CG）时代的现在，迪士尼也始终占据技术的最前沿，并逐渐将 AI 技术应用于 CG 制作上。

制作高清晰度 CG 的关键是对于从光源发出的光的反射的模拟精度。对于从光源出发并从物体表面反射的光，要计算光的衰减，然后重复漫射和反射等一系列模拟，才能创建 CG。

通过增加模拟次数，CG 能够增加对物体表面外观和空间深度的表现力，但同时也需要消耗大量的时间。也就是说，CG 的精度与模拟所需的时间这两者是无法兼顾的。迪士尼在 2016 年上映的全 CG 动画电影《海底总动员 2》中，就利用 AI 进行了 CG 制作。

具体来说，在 CG 制作过程中，减少了模拟次数，缩短了制作时间。然后由 AI 对 CG 中产生的噪点等粗糙度明显的地方进行修复，从而成功制作出与以往相媲美的高质量 CG。这一修复功能虽然是为制作《海底总动员 2》而专门开发的 AI，但也成功应用于 2017 年上映的《赛车总动员 3》中，在那之后的 CG 制作中也继续使用了这一技术。

此外，迪士尼还在积极开发能够评估剧本好坏的 AI、读取剧本并自动生成粗略的 CG 动画的 AI 等各类 AI，以提高制作效率。

SAP 的跟踪摄像机

思爱普（SAP）是一家主营云服务和软件的德国公司，涉及企业会计、客户管理和人力资源等基础业务。SAP 还涉足制药、制造和汽车等行业，该公司在 2014 年开始涉足的第 25 个行业是体育领域。

SAP 在体育方面的努力引人注目，而契机就是 2014 年举办的国际足球联合会（FIFA）世界杯比赛。这一年的冠军德国队引进的技术就是 SAP Match Insights。

SAP Match Insights 应用了称为跟踪摄像机的技术，这项技术还用于导弹跟踪等军事领域。它除了能够追踪球的运动轨迹外，还能精细捕捉球员的方向和动作，并将其数据化（图 3-22）。数据化中用到了图像识别技术。

平均每场比赛能够获得多达 4000 万条数据。2006 年世界杯比赛中，德国队队员每个球的控球时间为 2.6 秒，而在夺冠的 2014 年的比赛中，德国队在对数据进行分析和战术设计后，将控球时间缩短到了 1.0 秒。这表明德国队所采取的将个人持球战术变为球员之间快速传球的新战术取得了成效。

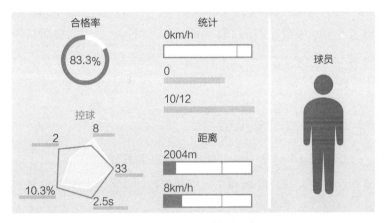

图 3-22　SAP 足球解决方案

注：该图在 https：//www.youtube.com/watch?v=UqJ1x2hAK70 基础上绘制。

这一成功的背后，是因为 AI 将球员的动作进行了数据化，反复分析球员所处位置是否存在两个以上的传球路线，再加上球员勤加锻炼，从而提高了传球的成功率。

AI 改变体验

Netflix 的 AI，始于根据用户个人偏好推荐相关内容，现如今连内容的制作方式也有所改变。虽然现在还只是内容制作方面的营销升级，但如果能像迪士尼的案例那样，在制作方面也充分利用 AI 技术，那不久的将来我们就都能享受到面向每一个人的个性化动画和电影了。娱乐从企业单方面提供的消费升级为更具有针对性的个性化体验。

此外，正如 SAP 的案例所示，通过对体育活动进行数据化分析，运动员的每一个动作都将得到反馈，以此来鼓励他们改进。而教练反复传达的战术也能通过数据具体地体现出来，让人能够切身体会。

未来，这些技术将广泛使用，不仅是职业运动员，每个人都能够使用，这或许也将改变我们享受运动的方式。

3.9　AI 与机器人的融合：酒店

酒店业通过预订管理系统等数据化手段来提高运营效率和利润率。但是，这个行业也无一例外地出现了人手不足的情况，因此机器人作为新的劳动力被寄予厚望。

机器人成为 Savioke 的新劳动力

Savioke 是美国一家研发服务机器人的初创公司。该公司研发了能够在酒店和办公室搬运物品的自主搬运机器人 "Relay"（图 3-23）。Relay 是一个圆柱形机器人，顶部能够打开，可以在里面放瓶装饮品、零食等物品。它能够以人步行的速度自主移动，如果遇到障碍物，则会闪避或立即停住。这是因为它使用了超声波传感器等，能对周围环境进行实时监测，并通过 AI 进行识别。此外，Relay 还具有夜间四处移动构建地图的功能，其在移动时就会使用这张地图来确认路线。

©Savioke

图 3-23 Savioke 的 Relay

Relay 的开发初衷并不是将某项工作全部交给机器人完成，而是让机器人加入团队，提高团队的工作效率。因此，它的用途便成为运送物品。放入物品和取出物品的动作对于机器人来说还是很困难的，所以这些都由人来完成，而 Relay 主要用于把东西从一个地方搬到另一个地方。

旧金山的一家酒店将 Relay 用于客房服务。当客人要求提供服务时，酒店员工便将相应的商品放入 Relay 中，并输入客人的房间号。Relay 根据事先构建好的地图信息，就可以自己乘坐电梯将商品送到指定的房间。当到达房间门口时，Relay 会通过分机通知客人商品已经送达。这个场景就像电影中出现的画面一样。

Savioke 的首席执行官（CEO）史提夫·克森过去曾在一家从事机器人技术开发的美国初创公司 Willow Garage 参与过机器人的开发。其成果之一，就是推出了名为 "PR2" 的研发机器人。PR2 拥有具有图像识别功能的摄像头以及能够举起小型物品的两只手臂，还能够自行行走，因此世界各地的研发机构都在使用它。其另一个成果就是开发了机器人操作系统（ROS），并以开源的方式向公众开放。

ROS 是在开源操作系统 Linux 的基础上打包了一个程序库，在传感器等驱动的基础上，加入了识别功能、规划功能和控制功能等机器人开发所需的功能。虽然安装成功后还是半成品，机器人不能马上动起来，但与从零开始构建开发机器人所需的环境相比，它可以减少开发工时。

在 Willow Garage 从事开发的工程师也加入了 Savioke。通过结合 ROS 等软件技术，他们成功地开发出应用了 AI 技术的具有高级识别功能的实用型机器人。

H.I.S. 的奇怪的酒店

奇怪的酒店是由旅行企划销售公司 H.I.S. 运营的，这是一家应用了尖端技术、追求极致生产力和舒适性的酒店（图 3-24）。

©H.I.S. Hotel Holdings Go.Ltd.

图 3-24 奇怪的酒店前台

酒店的房间中，有些使用的是对身体更为友好的辐射式空调设备，以及使用人脸识别的门锁。另外，这里还称为"机器人酒店"，因为酒店的前台等采用的都是机器人，这在其他酒店也是闻所未闻的。

这家奇怪的酒店于 2015 年在日本长崎豪斯登堡附近开业，起初拥有 72 间客房，仅有 10 名员工。员工人数仅为 H.I.S. 传统酒店的 1/3，由此可见机器人的效率之高。之后，酒店又增加了 72 间客房，客房数增至 144 间，但员工人数保持不变，工作效率提高了一倍。该酒店称今后将继续引入机器人等来提高效率，并计划在未来将员工数量控制在 3 名左右。

奇怪的酒店成功的原因之一在于它将人和机器人很好地结合在一起。机器人虽然具有语音识别和图像识别功能，但是接待员、前台等需要与人进行交流的工作，目前的 AI 仍然很难完成。因此，为了随时能让人工代替 AI 与顾客交流，引入了摄像头协作机制。也就是说，通常情况下尽可能把工作交给机器人，在个别难以解决的情况下，人工可以随时接手。虽然不能将人手减少到零，但一个员工可以通过机器人和系统为多名客人提供服务，从而成功地提高了工作效率。

AI 让人与机器人共存

以往的机器人主要用于工业生产，如用于工厂等生产现场的焊接机器人。但是，随着 AI 和机器人的融合，机器人开始拥有语音识别、图像识别等高级识别功能，并逐渐走入了我们的生活。能够用语音进行交流、移动的同时还能够自动躲避障碍物，今后机器人能做的事情将会越来越多。

现在，机器人在技术层面上已经能够通过人的表情、声音、手势等高精度地识别对方的感情。如果结合能够处理不同场景的识别功能，提高捕捉人类语言的自然语言处理功能，提高会话技术，那么将来就有可能出现一台能够待人接物的机器人。

3.10 ▶ AI 推进数据的有效利用：医疗

Basics and
new trends
of AI

AI 活跃在尖端医疗的一线，它既能够从海量数据中找到对患者有效的候选治疗方案，还可以用来寻找新的药物。

IBM 的 Watson

IBM 开发的"沃森（Watson）"，促使很多大公司开始使用 AI 技术。Watson 能够利用自然语言处理技术和机器学习技术，从文本等非结构数据中提取对人有价值的信息。

如今，Watson 已经品牌化，加入了图像处理和分析等功能，成为 AI 开发的一大平台。IBM 对 Watson 解决方案定位的一个重点应用领域就是医疗。

东京大学医学科学研究所和 IBM 于 2015 年发表的临床研究成果，使 Watson 的医疗解决方案在日本一跃成名。该系统在学习了 2000 多万篇关于恶性淋巴瘤和白血病等血液肿瘤等方面的论文以及 1500 多万个治疗药物专利后，能够根据患者细胞中的基因组信息，从基因特征中推导出可能患有的疾病以及可用治疗药物的候选名单。通过使用 Watson，能够筛选出有效的治疗药物，帮助医生快速实施诊治。Watson 将原本需要两周的人工分析过程缩短到了 10 分钟左右。

IBM 在 2015 年收购了一家名为 Merge Healthcare 的公司，该公司是一家专门为医疗机构和制药公司提供 X 光等医疗数据的公司。随后，Merge 的医疗保健数据管理功能被加入 Watson 中，开发出了 "IBM Watson Health" 解决方案。Watson 在大量的医疗数据中发现病变和可疑部位后会提示医生进行确认，来帮助医生进行诊断。在医疗机构和 Watson 的共同努力下，IBM 在根据著名的癌症专业医疗机构和 "Watson for Oncology" 的电子病历信息的基础上开发出了一个能够制订治疗方针的新系统。Watson 配备了专业医疗机构的专业技术，已经能够根据癌症治疗指南提出专业的建议。

BenevolentAI 的药物研发系统

BenevolentAI 是一家致力于通过 AI 进行药物研发的英国初创公司。新药的诞生需要经过发现候选化合物、动物实验再到临床试验的过程，大约需要 10 年，有些甚至需要 20 年，研发费用高达数亿元人民币的情况也屡见不鲜。

此外，选择目标化合物需要考虑的不仅是功效，还要考虑安全性（有没有副作用），以及经济性（是否方便生产），然后再从数十万种或更多的候选化合物中进行筛选。而

BenevolentAI 通过 AI 实现了一种能够快速且精准地发现预期有效化合物候选物的方法。

BenevolentAI 的系统通过读取生命科学等领域的医学论文，学习了疾病产生的基因特征以及药品候选化合物的特征。该系统埋头于海量的论文，从中寻找是否有哪些有望用于药物研发的物质被不慎遗漏。

BenevolentAI 的系统现在已用于开发治疗肌萎缩侧索硬化症和帕金森病的药物。针对肌萎缩侧索硬化症，该系统已经找到了五种化合物作为候选，其中四种是研究人员此前从未想到的。医疗领域复杂多样，要想通读其他专业的论文并非易事。从这一点来看，AI 代替专家从庞大的论文中搜寻候补的这一功能，可以说是新药研发的一个有效手段。

Siemens Healthineers 的精准医疗

西门子医疗（Siemens Healthineers）是从德国机械制造商西门子（Siemens）的医疗器械部门独立出来成立的公司，该公司正在推进"精准医疗"中的 AI 应用。精准医疗是指针对每个患者采取最适合的治疗方法。

Siemens Healthineers 在精准医疗方面的举措之一，就是升级了"计算机断层扫描（Computed Tomography，CT）"技术。CT 采取的是拍摄身体剖面图像的方法，与具有类似功能的"核磁共振成像（Magnetic Resonance Imaging，MRI）"相比，它的优点是拍摄时间短。但是由于 CT 使用的是 X 射线，因此在检查时必须控制辐射量。

　　放射科医生会根据患者的体格调整 CT。射线会聚最强的等中心位置极为重要，当等中心偏离最佳位置时，可能会导致辐射量增加、拍摄图像不清晰等不良影响。因此，Siemens Healthineers 通过应用 AI 的图像识别功能，开发了能够根据患者体格自动调整 CT 的功能。这就是安装在 CT 上使用的扫描全面协助技术（Fully Assisting Scanner Technologies，FAST）3D Camera 设备（图 3–25）。

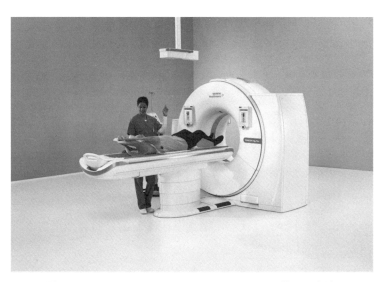

图 3-25　Siemens Healthineers FAST 3D Camera 以及 CT 设备
注：图片来源于 Siemens Healthineers 株式会社。

FAST 3D Camera 使用了红外线，是一个深度传感器装置，能够测量受试者的身高，并获取体型的三维数据。此外，它还能识别头部，如果受试者的方向不正确，它就会提醒受试者改变方向，防止检查失误。摄像机获取的数据经由 AI 分析后，机器将自动调整至最适合受试者的位置。由此一来，通过加快前期准备并确定最佳位置，就可以在减少辐射量的同时进行高清摄影。

呼吸也会对 MRI 结果产生影响，对此 Siemens Healthineers 开发了一种能够抑制呼吸影响的技术。使用这项技术后，受试者不必再配合机器停止呼吸，设备会识别受试者的呼吸并调整拍摄。Siemens Healthineers 应用传感器和 AI 等技术，不断研发如何能够在检查时减轻受试者的负担，以及针对个人的最佳治疗方案技术。

AI 扩展了人的能力

医疗生死攸关，必须准确。通过分析患病的原因和致病的因素，制订贴近患者的治疗方案，但有时我们采取的未必就是最佳治疗方案，这就需要医生基于丰富的经验和知识来进行诊断。

但是人的学习和获取能力是有限的，而只要具备学习所需的数据，并被赋予适当的学习手段，AI 就可以获得人根本无法获得的海量知识。因此，在医疗领域，**AI** 扮演的角色就是提示和辅助医生。**AI** 负责整理海量的信息，医生从中获取灵感。

3.11 ▶ AI 革新制造业：制造

制造业也开始应用 AI 技术。融合了 AI 技术的机器人提高了工厂的生产率，通过 AI 还可以捕捉机器的故障迹象。将来，AI 或将改变整个制造业的面貌。

Fanuc 的现场系统

Fanuc 是一家生产现场工业机器人和机床控制系统的日本电机制造商。该公司开发了工厂自动化所需的计算机数值控制（Computerized Numerical Control，CNC）设备、机器人以及生产线设计等多项技术。此外，该公司还在其工厂内使用了数千台机器人，是一家践行用机器人组装机器人的最先进的产业自动化（Factory Automation，FA）企业。

Fanuc 的目标是开发出"不会损坏、提前预警、及时修复"的产品，通过高质量的产品和周到的服务提升顾客的信赖度。"（FANUC Intelligent Edge Linkand Drive，FIELD）system"是公司理念的高度体现，是一个为了能够让产品更加方便现场使用而开发的制造业开放平台。该系统是与日本初创公司 Preferred Networks 合作开发的，其中融入了该公司所开发的 AI 技术。

FIELD system 是一个体系结构，可以与制造业使用的机器人、机床、控制系统和监控系统等各个厂商的多种产品协作。此外，它还支持从 2000 年到目前最新的所有机器设备。

FIELD system 可以通过读取机器及设备产生的数据进行可视化处理，让生产活动一目了然，并通过 AI 对存储数据进行分析从而实现故障预检等高级服务。此外，第三方公司也可以在这个系统上开发自己的服务。

例如，外观检测机器人（图 3-26）在其机械臂上安装摄像头，通过 AI 对产品的全景图像进行分析，以此来确认产品是

©Fanuc株式会社

图 3-26　Fanuc 的外观检测机器人

否存在误差、裂纹或涂层是否均匀等情况。Fanuc 考虑在未来建立一个机器人系统，能够将外观检测的信息反馈给制造机器人，然后通过学习，让其能够自行改善生产活动。如果得以实现，整个工厂就有可能形成一个能够重复进行自我改进的智能系统。

Fanuc 通过对内内包开发出了可靠性高的机器人及其他设备，在此基础上通过 FIELD system 这一开放平台，正在开发一款覆盖客户、合作伙伴和竞争对手产品的新一代生产系统。

Sight Machine 的数据分析平台

Sight Machine 是一家运用 AI 为制造业提供分析云服务的美国初创公司。例如，它能够通过 AI 对工厂产生的大量数据进行分析后，找出产品质量劣化的原因。AI 可以从人工难以把握的海量数据中提取数据间的关联关系，再由人工根据知识和经验从关联中找出隐藏的因果关系，确定根本原因。通过 AI 与人工的合作，能够更加快速地解决问题。

对于拥有多个生产工厂的公司而言，虽然使用的生产设备相同，但 Sight Machine 可以从细微的用电量差别和电机转速等设备产生的数据中找出质量劣化的原因，还能够以独有的方式处理不同设备的规格差异以便数据的收集。此外，为了实现数据分析所必须的预处理环节的自动化，它还应用了机器学习等

AI 技术。

Sight Machine 接受了来自正在进行制造业服务化改革的 GE 的投资，今后将有望使用 GE 的 IoT 平台 Predix 所积累的数据进行分析。

Bonsai 将模拟软件与深层强化学习平台相融合

Bonsai 是一家开发制造业 AI 平台的美国初创公司，该公司能够提供使用了深层强化学习的解决方案。强化学习是一种为了将行为回报最大化，通过反复试错来获得规则的方法。深层强化学习在强化学习中融入了深度学习的想法，被用于机器人控制、市场营销、金融交易等，因为它能够根据每时每刻的变化来决定所要采取的行动。

为了使用深层强化学习，需要使用真机进行试错，从反馈中进行学习，或是需要一个模拟器来真实地再现现实世界。在使用模拟器的方法中，模拟器的性能决定了算法的性能，因此有的学习环境是难以构建出来的。

Bonsai 着眼于制造业等领域使用的模拟软件，发明了 AI 使用模拟器优化参数的方法，以此来取代人工操作模拟器。

例如，可以将 Bonsai 集成到 MATLAB 中使用。MATLAB 是一个由 MathWorks 公司开发的数值分析软件，适用范围广，覆盖从科技演算使用的算法开发到数据分析，还包括电路仿真。将 Bonsai 的 AI 模块集成到 MATLAB 中后，不必再由人工进行电路设计，AI 会通过反复调整来优化电流和电压等电路设计所需的参数。

类似的方法，Bonsai 还使用在了物流模拟软件 AnyLogic 以及流体模拟软件 ANSYS 中。

Bonsai 于 2018 年 6 月被 Microsoft 收购，Microsoft 此前也在通过联营公司对其注资。未来，它或将集成到 Microsoft 的 Azure 平台中，使 Microsoft 的物联网平台更加具有竞争性。

AI 参与设计、生产、服务的所有环节

受美国工业互联网（Industrial Internet）和德国工业 4.0 的启发，人们对数据利用的意识有所提高，但如何分析大量数据并获得有价值的想法却并不容易。现在，AI 正在解决这一难题。例如，AI 可以通过检测生产设备的故障征兆来实现更有计划的设备维护，还能够防止设备突然停机，从而提高工作效率。

此外，从 AI 应用的角度来看，AI 代替了人工进行产品设计的模拟调整，融合了 AI 技术的机器人正在工厂的生产现场中不断普及。

今后，AI 还可在通过分析售后用户相关数据来获得未来产品开发的灵感。从设计到制造，再到服务在内的整个产品生命周期，AI 都将以各种形式参与其中，成为改变制造业的原动力。

Amazon 效应

Amazon 效应（Amazon effect）是一个新词，指 Amazon 跨行业跨业态，吞噬现有产业和市场的现象。

Amazon 已经将电子商务的商品阵容从书籍扩展到家电、日用品以及生鲜食品，这给当地的经济和企业带来了严重影响。个体商店逐渐销声匿迹，拥有 70 年历史的玩具店 Toys "R" Us（玩具反斗城）在 2018 年关闭。此外，云服务（Amazon Web Service，AWS）以及通过收购开始涉足的高端食品超市 Whole Foods Market，均实现了业务的多元化。但由此一来，其所带来的影响也越来越大。

从财报中我们可以看到 Amazon 的经营状况。Amazon 2017 年全年的销售额为 1778 亿美元，比 2016 年上涨了 30%，迹象表明，其销量状况将继续保持较大的增长势头。在销售额的构成中，北美的网购相关销售额为 1061 亿美元，其他国家的销售额为 542 亿美元，AWS 的销售额为 174 亿美元。

而其零售业的竞争对手沃尔玛在全球的销售额为 5000 亿美元，在两家竞争最为激烈的北美，沃尔玛的销售额为 3185 亿美元，是 Amazon 的 3 倍。不过，我们来看截至 2018 年 7 月 2 日二者的股价，沃尔玛的市值为 2478 亿美元，而 Amazon 的市值为 8315 亿美元，相差约 3 倍以上，这显示出投资者对 Amazon 寄予了厚望。

Amazon 之所以能获得投资者的青睐，是因为其近年来积极开展的技术研发。也就是财务报表"运营费用（Operating

expenses）"中的"技术和内容（Technology and content）"
部分。2017 年这一数字为 226 亿美元。这部分中包括智能音
箱 Amazon Echo、新型客户体验无人商店 Amazon Go 等多项
Amazon 特色科技的研发费用。这笔投资让 Amazon 不断开发出
了先进的物流系统，以及让其他公司闻风丧胆的各项服务。

　　Amazon 的财报还有一个特点，那就是利润的来源。
Amazon 在北美地区仅有少量利润，在全球范围内的网购业务
也处于亏损状态，而 AWS 弥补了这一点，其创造的利润反哺
了网购业务。财报的数字中无法体现的隐性资产，就是通过网
购所收集的海量数据。在这一刻，卖了什么东西，谁买了什么
东西，这些个人信息正在全球范围内被不断收集。这些数据有
助于 Amazon 巩固其作为电商平台的地位，在 Amazon 开店的
企业以及 Amazon 自主品牌研发都可以使用这些数据，这是一
个能与其他公司进行差异化竞争的利器。

　　Amazon 也在积极开发 AI。一个我们熟悉的例子就是
Amazon Echo 自带的 Alexa Voice Service，它可以进行语音识
别、交互处理和语音合成。AWS 还开发图像识别服务 Amazon
Rekognition、语音识别服务 Amazon Transcribe 等 API 服务。对
于更深度的开发，Amazon 也会使用 MXNet 这一由 Amazon 投
资开发的深度学习的框架来进行。MXNet 最初是由美国卡内
基梅隆大学和其他机构共同开发的软件，它是一个可扩展的框
架，可以在学习等需要进行大量计算时有效地扩展计算机资源。
Amazon 正在推进 AI 开发，并利用 AWS 在运行环境方面展开
攻势，可以说，Amazon 本身就是 AWS 体现自身优势的最佳框

架。除此之外，Amazon Mechanical Turk（Amazon 劳务众包平台）作为一个能够创造 AI 所需数据的平台，也在被科研人员及企业等各类 AI 开发者所使用。

如今，Amazon 正在利用 AI 服务拓展自身业务的公司，同时通过 AWS 提供了除开发人员外 AI 所需的几乎所有资源。凭借着高超的技术能力和海量的个人数据，以及前瞻的商业理念，Amazon 的行为对股市产生了直接影响。根据被认为是处在危险边缘的美国零售业相关的主要股票交易动向，Amazon 计算出了"Death by Amazon（Amazon 威胁股票指数）"。顾名思义，它集合了那些因 Amazon 而出现业绩下滑的公司，其中就包括竞争对手沃尔玛和梅西百货。

2018 年 1 月，Amazon 与美国投资公司伯克希尔·哈撒韦等共同成立了一家关于医疗保健的新公司。这让投资者联想到 Amazon 将进军保险业，使得保险板块股价下跌。2018 年 6 月，Amazon 宣布收购美国在线药店 PillPack，导致医药批发企业和医疗相关的股价近乎全线下跌。

我们不知道 Amazon 接下来将有何动向，但是，不管是目前尚未实现的"Amazon 银行"还是"Amazon 保险"，Amazon 的进入肯定会引起巨大的变化。今后一段时间内，人们将持续关注 Amazon 的动向。我们希望 Amazon 所带来的变化能够为消费者带来利益。

Chapter

第 4 章
AI 开发的机制和要点

Basics and new trends of AI

4

如今，AI 的发展早已不局限于硬件，正在通过众包来获取学习所需的数据，而其所需的资源与传统 IT 服务完全不同。此外，以数据科学等开发出来的数值计算程序库为首，AI 研究成果所产生的框架是不可或缺的。

本章将介绍 AI 的开发流程，具体包括硬件、软件及可用服务等。

4.1 从准备数据到将数据嵌入系统：AI 开发的流程

Basics and
new trends
of AI

在学习 AI 开发的机制时，本书将以监督学习为例，为您介绍其具体处理步骤。机器学习的处理过程大致分为三部分：准备训练数据、建模和学习、将模型嵌入系统。

准备训练数据

机器学习中的第一项工作是准备训练数据。监督学习中的训练数据就是输入和正确答案的数据对。例如，图像输入后，需要为每一张图像添加正确标签，才能根据预先设定的几个类别（如猫和狗）来对图像进行分类。

训练数据的数量取决于所需的精确度和使用的模型，如果是相对简单的图像分类，每个类别应提供的数量大约应为1000~10000。传统的机器学习中，即使增加了数据量，准确率也可能已达到极限，而深度学习中，增加数据量就能提升性能。因此，要想提升性能，数据量是一个非常重要的条件。但是，数据量的增加也会直接导致模型学习时间的增加，因此，在商用时需要认真考虑性能和工时之间的平衡。

为了进行学习处理，需要准备的训练数据可分为以下三部分：

1）训练数据：用于学习模型的数据。

2）开发数据：在学习过程中为获得改进模型和数据指标的数据。

3）测试数据：用于评估已完成模型性能的数据。

这样划分训练数据的原因是为了评估模型是否获得了能够对未知数据进行适当输出的泛化能力。

训练数据的划分比例取决于训练数据的量。对于数以万计的训练数据，开发数据和测试数据通常应该占训练数据总量的 20% 左右。但是，如果训练数据有几百万，那么占总量的 10% 以下即可（图 4-1）。这是因为，训练数据量有助于提高模型的

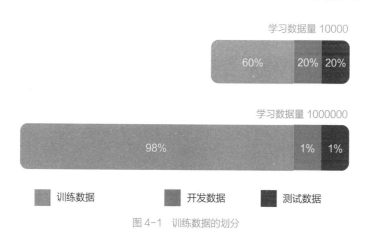

图 4-1　训练数据的划分

性能，而算法改进和评估性能所需的数据绝对量则不需要增加太多。必须确定每个数据的百分比，以确保最终构建的模型具有最大的性能。

建模和学习

数据准备就绪后，就是建模和学习。要构建模型，需要选定学习算法，并确定一个称为"超参数"的参数（变量）。超参数是指在学习之前设置的、用于控制学习算法行为的参数。例如，在深度学习中，人工神经元之间"加权"参数是由学习算法自动设置的，但输入和输出的神经网络数量和层数，以及避免过度学习的系数等都需要人工预先进行设置，这些就是超参数。

学习算法必须根据目标任务进行选择。以图像分类为例，现在普遍使用深度学习的方法，但以前经常使用支持向量机（Support Vector Machine）这一机器学习方法。使用深度学习的算法也在每天推陈出新，如果要选择最合适的方法，我们就有必要去查询最新的研究论文等。

完成学习算法的选择和超参数的设置后，开始使用训练数据学习模型（图4–2）。然后，使用开发数据对已学习模型的学习结果进行评估（图4–3）。除非使用已知模型，否则最初设置的超参数很少能产生好的学习结果。因此，为了获得良好的学

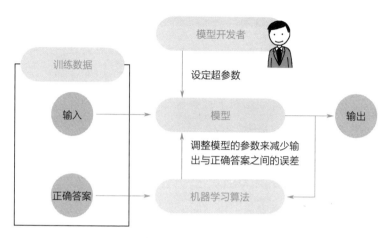

图 4-2　学习训练数据

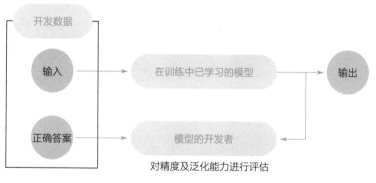

图 4-3　评估开发数据

习结果，通常情况下我们会对超参数进行探索和调整，并进行重复的训练。

　　目前，除部分任务外，深度学习还无法实现超参数的自动调整。因此，试错对于超参数调整是必不可少的，这样才能获得更好的学习结果。

在某些情况下，除了需要调整超参数，还需要重新选择学习算法或重新检查训练数据。深度学习的学习时间往往长达数天，这取决于可用于学习的计算机的处理能力。因此，也有可能需要几个月才能得到理想的学习结果。

经过这一系列的调整之后，如果开发数据的使用评估结果良好，我们将使用测试数据进行评估，并作为最终确认。如果没有问题，我们就完成了模型的学习。

将模型嵌入系统

已经完成的模型可以像基于分析模型的预测系统一样直接使用，也可以嵌入大型信息系统或机器人等设备中。

无论哪种情况，我们都需要对其在实际使用场景中能否得到正确的输出做出评估。在不同的使用场景中，由于训练数据和真实数据的统计特性不同，有时无法达到我们预期的性能。在这种情况下，就需要再次收集适当的训练数据并进行训练。

此外，输入的数据可能会随着操作而发生变化。比如聊天机器人，如果发生无法对新产品、新服务等做出反应的情况，就需要进行适当的再学习。

在将模型嵌入信息系统或设备中时，除了精度，速度性能也非常重要。通常情况下，学习和使用时的硬件是不同的。特别是对于嵌入式设备来说，除了运算性能和内存等方面的限制外，对实时性的要求也不少。因此，有时我们还需要依照设备式样对已学习的模型进行调整。

4.2

为 AI 所需数据的准备和开发提供有效服务：众包

在向不特定数量的人委托完成 AI 所需的训练数据制作时，以及通过互联网委托 AI 模型开发时，会用到众包。

什么是众包

"众包"是一个新的术语，是"群众（crowd）"与"外包（sourcing）"的结合，指将业务委托给不特定数量的人。

众包的运营商主要是通过互联网，撮合委托人和被委托人的中介企业。与会计、法律等专业性较强的工作外包相比，众包的特点是被委托人可能是自由职业者或是学生，因此众包能够吸引多种劳动力。

例如，可以通过众包的方式征集公司的标识设计。公司作为委托人可以从中选择自己喜欢的设计，并从被委托方的制作者处购买版权。此外，众包也用于事务工作庞大的项目，比如代打字录入等。

AI 的开发扩大了众包的应用

在 AI 的开发中，经常会用到众包，其中之一就是训练数据的准备。例如，为了开发一个使用深度学习从图片中推测商品名称的 AI，我们需要准备大量带标签的图片数据。即使手头有照片，但如果没有对商品名称进行统一管理，那就需要有人去做标签。这时，就可以使用众包来完成这项工作。

通过众包，可以让众多人手来完成任务，从而将宝贵的工程师资源用于更高价值的工作。

美国的 ImageNet 项目就是通过众包创建出海量数据的一个案例。这个项目拥有大量的已标签图像文件，在当前 AI 热潮开始前的 2009 年，项目方就指出这个项目就是为了推动未来的图像识别等 AI 研发而进行的。

由于使用了众包，ImageNet 项目在 2009 年就已经拥有了 1400 多万张带标签的图像数据。该数据被用于 2010 年开始举办的 ImageNet 大规模视觉识别比赛（ImageNet Large Scale Visual Recognition Challenge，ILSVRC）当中，为当今 AI 技术的发展做出了巨大贡献。

使用众包创建训练数据的示例如图 4-4 所示。

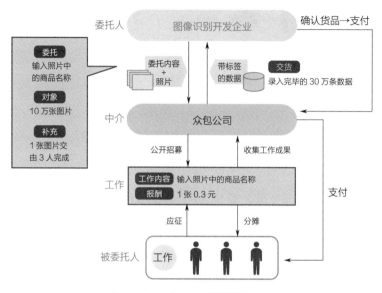

图 4-4　使用众包创建训练数据的示例

　　ImageNet 项目在如何通过众包为图像添加标签上下了很大功夫。在操作时，工作人员只需要进行二选一，回答是不是想要的图像即可。与对图片内容进行具体回答相比，这个方法能减少输入错误，消除表达歧义。众包需要确定一个操作程序，让每个工作人员都能毫不犹豫地、统一地工作，以保证质量。

　　众包在 AI 中的应用场景之二，就是像标识设计那样，将 AI 的模型开发委托给不特定数量的人。美国的 Kaggle[⊖] 在这一方面就非常有名。Kaggle 运营着同名众包服务公司，拥有 60

<hr />

　　⊖　Kaggle：2017 年，Kaggle 被 Alphabet（Google）收购。

多万的数据科学家和工程师会员，还举办了数据预测和分析方法比赛。

Kaggle 举办的比赛分为多个项目。

"商业"项目比赛由赞助公司确定主题并准备所需的数据。赞助公司会从创作者手中买断在比赛中获胜的 AI 模型，然后为自己所用。沃尔玛、英特尔等全球知名企业都曾参与这一方向的赛事。

"招聘"项目的比赛题目和数据同样也是由企业准备的，但它的目的并不是开发 AI 模型，而是挖掘 AI 人才。

"研究"项目主要和学术研究相关。Kaggle 的比赛结果会在互联网上公布，排名靠前的选手不仅可以获得奖金，还能在世界范围内获得 AI 工程师的荣誉。

一些初创公司也会招揽 Kaggle 的获奖工程师，以展示其技术能力。

除此之外，众包还可以用来测试已开发的 AI 的性能。例如，能够忠实再现人声的语音合成 AI 完成开发后，会让参与实验的人员来判断听到的声音是人声还是 AI 创造出来的声音，以此来评估究竟是否创造出了与人声相似的声音。

在 AI 开发所需的训练数据的准备、模型的开发和评估等场景中，我们都能看到众包的身影。

使用了 Amazon Mechanical Turk 的 AI 与人工相结合

Amazon Mechanical Turk 是 AWS 的众包服务，该名称来源于 18 世纪的匈牙利发明家创造的 "The Turk"。The Turk 是一个能下棋的机械人偶，曾经与拿破仑·波拿巴和本杰明·富兰克林等名人对弈过。不过，"The Turk" 的套路其实非常简单——人偶里面藏着一位国际象棋高手。仿照这个案例，Amazon 开发了 Amazon Mechanical Turk 这个平台，通过与人工相结合的方式来处理那些单纯依靠计算机难以完成的任务。

Mechanical Turk 是 2005 年发布的，最初是一个内部系统，旨在查找和删除 Amazon 网站中的重复页面。

Mechanical Turk 与 AWS 的其他服务一样，已被 API 化，能够嵌入公司的系统中，自由度很高。它还可以根据创建问卷和标记图像数据等不同工作内容创建一个模板系统。

Mechanical Turk 提供了启动众包所需的全部功能，非常便捷实用，但可惜的是，目前只支持英语。

在 Mechanical Turk 发布委托内容时，需要创建一个名为 HITs（Human Intelligence Tasks）的关于参与资格（Qualification）和委托内容的表格。可以从中设置参与资格，缩小被委托人范围。

Mechanical Turk 有免费和收费两种参与资格的设置。免费的可以设置被委托人的居住区域等，收费的则可以设置更详细的内容，比如是否有房屋贷款、上网时间等。如果是以社会实验为目的使用众包来收集调查问卷，那么参与资格的设置是非常有用的。

Mechanical Turk 虽然有语言的限制，但由于 Amazon 独有的方便快捷、易于使用等原因，目前世界各地都在用它来准备 AI 的训练数据。

Figure Eight 的 AI 专属众包服务

Figure Eight 以前称为 CrowdFlower，是一家美国公司，专注于 AI 的众包服务。Figure Eight 还与日本众包巨头 CrowdWorks 有合作。它的客户中就有甲骨文旗下从事财务和人力资源管理云服务的美国 Workday 公司。Workday 为开发出能够嵌入本公司服务的字符识别功能而选择了 Figure Eight。

Figure Eight 与 Microsoft 合作，正在开发一款能够将 AI 与人力相结合，解决企业运营难题的平台"CrowdFlower AI"。CrowdFlower AI 是 Microsoft 的 AI 云服务"Microsoft Azure Machine Learning"与 Figure Eight 的众包服务相结合的产物。

其用途之一就是能够在社交媒体上检查自己公司产品的声誉。Microsoft Azure 的情感识别功能能够对产品声誉进行分析。然而，社交媒体的文章极短，有些会使用专业术语和独特的措辞，因此单靠 AI 有时无法进行分析。于是，对于 Azure 无法识别的数据，将通过 Figure Eight 的众包进行人工二次检查。人工运用自己的专业知识和互联网信息对其进行解析。

Crowd Flower AI 通过加入人工，将那些单靠 AI 难以实现的情况也进行了系统化，并且将人工二次检查产生的数据再次充分运用到了 AI 的学习中。一开始可能需要人工进行的处理较多，但随着 AI 的改善和性能的提升，人工处理的比例必将下降，最终实现 AI 自动化。

使用众包及其数据时的注意事项

使用众包所面临的一个问题就是工作质量因人而异。因此，必须设置一个机制来确保交付的成品质量稳定。一种方法是由多人完成同样的工作，然后对结果进行统计，从而推导出正确结果。

使用众包需要能够辨别出工作质量的好坏。比如可以按工作时间排序，如果时间太短，那就可以看作是不合格，拒绝接受。另一种更高级的方法是插入一些测试用的问题，以此来鉴定工作内容。其中比较有名的方法是指令操作检查（Instructional Manipulation Check，IMC）。IMC 关注的是人们会跳过题目的现象，题目的内容设定的就是"什么都不用做，直接进入下一题"。也就是说，如果在 IMC 设定的问题答案栏中输入了数据，那么就可以推断出，该工作人员很有可能没有充分阅读题目，以及该工作人员可能不想接受这份工作。

此外，在使用众包时，还需要关注敏感数据的处理。对于个人信息和公司销售额等严禁泄露的数据，必须考虑签订保密协议（NDA）。如果不签订保密协议，则需要对数据事先进行分割、匿名化等加工。

众包的未来

众包是对劳动力的需求和能够提供劳动力的个人和企业相碰撞的产物，可以说是互联网促成的新就业形式。随后诞生的优步（Uber）和爱彼迎（Airbnb）等共享经济，也可以理解为是劳动力的共享。

众包的普及是能够为企业在需要的时候提供足够的劳动力，以及能够为个人和自由职业者等参与者提供一个方便工作的环境。例如，语音识别所需的数据现在可以通过智能手机轻松录制生成。

以往需要配备专业机器才能完成的工作，现在只要有一个智能手机就能完成，这样的例子越来越多。未来，众包将继续用作 AI 开发企业获取宝贵劳动力的手段。此外，对于学习过 AI 的人来说，众包也是一个能够考验自身技术能力的平台，类似 Kaggle 的服务将会持续吸引人们的关注。

4.3

从海量数据中提取灵感的技术：分析

近年来，从过去预见未来的预测分析的应用越来越广泛，而其背景就是机器学习构建预测模型比以前更为容易了。

什么是分析

分析是指通过使用统计学方法和机器学习构建的模型，来揭示数据模式和数据之间的相关性，并从中获得有价值的信息。

比如，通过积累销售额、销售成本等数据，可以从中找到导致企业营收减少的原因。这种通过整理数据结构，能够使用平均值和标准差之类的统计数据来弄清具体是什么情况的分析称为"描述性分析（Descriptive Analytics）"。

而如果要从多个因素中找出根本原因，结合分析数据之间的相关性进行的分析称为"诊断性分析（Diagnostic Analytics）"。在描述性分析和诊断性分析中，人们通过统计的方法，将那些难以掌握的数据转换成了更容易理解的形式。

分析中，还有一种根据数据的特征来推导可能性发生的

"预测分析（Predictive Analytics）"。例如，信用卡公司能够利用预测分析来防止第三方的非法使用。通过对比持卡人此前购买的商品种类、金额、时间、地点等数据，可以分析是否存在与以往的购买行为不符的情况。如果与以往的消费模式差异较大，判断出很有可能是盗刷的话，那么信用卡公司可以暂停该信用卡的功能。此外，零售商也可以通过预测分析，根据过去的销售情况和今后的天气情况来规划商品的订货量。

迄今为止，分析一直是辅助人类做出决策的工具。无论是分析过去、寻找问题的根源，还是从过去预测未来，其目的都是为了做出当下的最佳判断。虽然方法略有不同，但目的是一样的。

预测分析推进机器学习的应用

近年来，机器学习在预测分析中迅速得以应用，这是因为获取学习所需的大量数据变得更加容易，以及分析所需的计算资源也因为云计算等方式变得更有保证。

例如，在上文信用卡公司的预测分析案例中，机器学习基于海量的支付信息产生的预测模型，就主要应用于检测是否发生了信用卡盗刷的场景。

通过机器学习创建高精度的学习模型时，需要选择模型所需的算法，调整参数，并考虑在学习中使用哪些数据（特征量）。这些都需要精通机器学习的工程师来进行设计。

另外，为了有效地进行预测分析，有时必须从海量的数据中缩小特征量。不是说只要提供了让机器学习的数据，就能创建出一个能够精确预测的模型，还需要进行的是"特征工程（Feature engineering）"的工作。

特征工程主要是指删除与预测目的无关的不必要的特征量，或创建新的特征量，以提高量化表等结构化数据的预测精度。例如，可以在仅有日期的训练数据中，添加星期几作为特征量。这是因为，根据产品的不同，销售额可能会随着特定事件而波动，如星期六或星期日，也有可能是每个月的第一个星期六。因此，使用机器学习进行预测分析可能还需要具备特征工程等数据科学方面的知识。

虽然基于机器学习的预测分析是以充分学习所需数据和计算资源为前提的，但它作为一种能够根据过去展望未来的利器，正迅速在商业领域中得以应用。

DataRobot 的自动机器学习平台

DataRobot 是一家基于机器学习技术开发分析平台的美国初创公司。如果拥有机器学习的基本构架，以及预测对象的业务知识，那么使用该公司的技术就可以创建出一个高级预测模型。

DataRobot 的平台有一个叫作"自动机器学习（Auto Machine Learning）"的功能，它可以使用上千个机器学习的算法进行学习，并生成精度较高的模型（图 4-5）。这些算法中就包括在 Kaggle 比赛中获胜的最新算法。

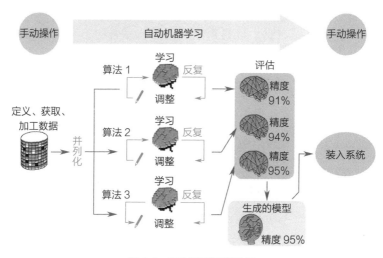

图 4-5　自动机器学习概念图

因此，不需要根据目的来选择机器学习的模型，也不需要使用编程语言来设计机器学习的模型。但是，准备开发模型所需的数据或将生成的模型嵌入系统中的工作还是需要人工来完成的。

自动机器学习平台创造出了大量的机器学习模型，因此用于分析的算法也发生了变化。虽然有时也和以前一样，需要工程师花费时间对模型不断进行调整，但现在人们已经开始使用

"集成模型（Ensemble Model）"。集成模型是由多个已学习模型组合而成的模型。就好比三四个甚至更多的人的集思广益要比一个人孤军奋战要好，集成模型就是从已学习的模型中提取那些精度更高的模型，并将它们组合在一起来获取更高精度的预测结果。

此外，DataRobot 还具有预测已生成模型的特征量的功能。比如，在生成预测冰激凌销售情况的模型时，如果显示出气温、湿度对结果影响很大这一结果，大概大家都能接受。开发预测模型的人员可以根据影响的特征量来推断模型的正确性。

DataRobot 在 2017 年 5 月收购了拥有分析时间序列数据方面技术的波士顿的 "Nutonian"，2018 年 7 月收购了开发自动机器学习相关平台的俄亥俄州的 "Nexosis"。DataRobot 通过强化技术和人员，正在巩固其在自动机器学习平台领域的地位。

分析的未来

机器学习预测分析领域的多个有实力的新商家正在不断进入市场。例如，位于美国波士顿的 "Feature Labs"。该公司是一家特征量工程方面的专业公司，是由麻省理工学院的研究成果诞生的。

位于美国山景城的数据科学平台公司 "H2O.ai" 正在开发名为 "Driverless AI" 的自动机器学习平台。2017 年，Amazon

的 AWS 推出的 SageMaker，包含了自动机器学习的功能。此外，SAS 等商业智能供应商和 SAP 等打包供应商的产品也开始采用了机器学习预测功能。今后，机器学习在分析中的运用将层出不穷。

自动机器学习平台的出现并不能完全取代数据科学家的工作。作为专家，数据科学家将继续为重要的产品和项目建立预测模型，这些产品和项目是公司的生命线。

不过，将来哪怕商品企划负责人是个数据分析的外行，也能像使用 Excel 等办公工具一样轻松使用预测模型。如果在每一项业务中应用预测模型，那么经过日常改进和积累，一定会成为企业提高利润的原动力。

4.4 能够快速开发 AI 的环境：AI 平台

Basics and
new trends
of AI

AI 平台形形色色，有的是用来使用已学习模型的，有的是为推行 AI 开发环境而准备的。

什么是 AI 平台

AI 平台为 AI 开发以及 AI 服务创造环境。用户可以使用平台提供的专用工具来开发预测分析模型、图像识别模型等，还可以在某些平台上将图像识别和语音识别的已学习模型作为 API 使用。许多 AI 平台都是云服务，为用户打包提供学习和执行所需的计算资源。企业通过利用 AI 平台，可以快速实现服务的开发。

供应商巨头创建的 AI 平台

拥有领先云服务的供应商巨头正在加速将 AI 纳入其服务组合中。

（1）IBM 对企业了如指掌，拥有 Watson 自然语言处理的技术优势

IBM 在其云服务"IBM Cloud"中提供了十余种与 AI 相关的 API。除了图像识别和语音识别等基本服务外，还包括基于 IBM Watson 的对话功能，以及具有高级预测分析功能的分析工具。例如，在分析社交媒体内容时，可以使用 IBM Cloud 提供的多个 API，根据照片推算年龄和性别，并从文本中进行性格分析；还可以调出 AI API 的模块，与 IBM Cloud 提供的开发功能组合使用，在平台上创建服务。

IBM Cloud 将公司为 Watson 开发的功能进行服务化，使其更易于使用，图像识别和对话功能等一部分 API，还可以进行学习和定制。IBM Cloud 的优势就是其丰富的 AI 功能和高度的灵活性。

（2）Microsoft 通过深入强化学习，扩大面向制造业的服务

Microsoft 在其云服务 Azure 中展开了"Azure AI"的 AI 解决方案。Azure AI 包括语音识别等 API 服务（如 Cognitive Services）以及用于 AI 开发的功能（如 Azure Machine Learning）。

Azure Machine Learning 是一种广泛适用于多种 AI 开发的解决方案，包括使用机器学习构建预测模型和使用深度学习进行图像识别。其中最具特色的就是基于软件开发工具供应商的技术知识而开发出的"Azure Machine Learning Studio"AI 开发环境。

Azure Machine Learning Studio 将训练数据的获取和加工、算法的设计以及学习等一系列工作，通过拖曳（Drag and drop）将零件相连并进行定义，从而提高了开发的工作效率。它还可以根据需要使用编程语言（如 Python）或分析语言（如 R）来扩展功能。

Microsoft 将 Azure 的 IoT 数据收集解决方案与 Machine Learning 的分析解决方案相结合，开始积累制造业中与 AI 相关的技术知识。2018 年 6 月，Microsoft 收购了美国 Bonsai 公司，该公司曾为制造业提供设计辅助，并为物流开发 AI 解决方案。Bonsai 的技术在强化学习中融入了深度学习的元素，使用的是深层强化学习技术，将其嵌入模拟软件中，可以使设计工作实现部分自动化。Microsoft 将 Bonsai 的技术嵌入 Azure 中，以此来实现差异化服务。

（3）Amazon 在 AWS 中引入 AI，提高与现有服务的兼容性

作为云服务的先行者，Amazon 也在强化 AI 的使用。AWS 的服务阵容包括：可以通过语音识别 API 进行专业术语登记等定制服务的 "Amazon Transcribe"、整合了图像及视频等各种 API 的 "Amazon Rekognition"，以及机器翻译的 "Amazon Translate"。此外，还有能够创建预测模型的 "Amazon Machine Learning"，以及可以根据企业提供的数据创建出个性化 AI 的服务。

Amazon 的 AI 服务可以从 AmazonS3 存储服务中读取训练数据，与 AWS 的其他服务有很高的兼容性。因此，对于已经使用 AWS 的企业来说，Amazon 将是他们在开发新 AI 功能时的一个有力选项。

（4）Google 在自主处理器开发方面别具一格

Google 开发了一个众多 AI 开发者都在使用的 AI 库 "TensorFlow"，并拥有世界著名的 AI 研发企业 DeepMind，现在其云服务中也提供了 AI 相关服务 "Cloud AI"。

"Google Cloud Vision API" 是一个与图像相关的 AI 服务的集合，"Google Cloud Auto ML" 是一个可以使用额外训练数据自定义现有 API 的集合，"Cloud AI" 具备处理图像、视频、语音和自然语言的完整功能。

在为 AI 提供快速学习和执行环境的 "Google Cloud TPU" 中，Google 就将自主开发的 AI 处理器 "传感器处理单元

（TPU）"嵌入了自己的云服务中。

使用 Cloud TPU 可以实现 TensorFlow 开发的 AI 模型的加速。2018 年 7 月，Google 发布了为嵌入智能手机和工业机械等终端而开发的芯片"Google Edge TPU"，以此来强化自身平台的实力。

在业务包中嵌入 AI 平台功能

会计、客户管理等业务包中，已经开始融入 AI 平台的功能。例如，美国的 Salesforce.com 就能够根据系统中积累的数据自动创建 AI。通过对客户企业的数据进行学习创造出的 AI，能够发掘潜在客户，还能够捕捉解约等风险的征兆。

德国 SAP 也在会计处理等工作中使用了 AI，以此来取代那些过去需要人工操作或根据客户需求通过软件来安装一系列复杂规则的功能。SAP 的 AI 同样也是机器在学习客户数据后生成的。

在日本，人们普遍认为打包软件就是"现成的"，而不是根据各个公司需求而开发的。但是，在 AI 的功能上，即使是打包软件，在学习了客户数据后也能成为"定制品"。随着客户追求的附加价值向 AI 转移，人们对打包软件的印象将会发生很大变化。

提供独立 AI 服务的 AI 平台运营商

有些 AI 平台供应商充分利用自身优势开展起了自己的 AI 服务。例如，俄罗斯的 ABBYY 就提供了 "FlexiCapture" 等多个关于字符识别的产品。利用该公司多年积累的光学字符识别（OCR）技术，相关产品能够识别图像数据中的机器打印字符。其面向的是企业的特定业务，如纸质数据的电子化等，是一个使用起来非常便捷的平台。

具体来说，它的特点除了文字识别功能外，还包括执行业务所需文档的格式定义、分类所需的预处理工具以及读取后数据的聚合等多种功能。

美国初创公司 Orbital Insight 就通过 AI 等方式对 DigitalGrove 等卫星数据供应商提供的卫星照片进行分析后，通过 API 提供数据以帮助用户预测主要国家的经济状况。

在日本，随着《宇宙活动法》中对民间发射卫星禁令的解除，卫星数据在商业中的应用也将得到推广。以初创公司为中心，运用自主数据和自主分析技术的 AI 平台正在不断涌现出来。

AI 平台的未来

在各个巨头的带动下，AI 服务已经成为云服务差异化中不可或缺的一部分。因此，各个公司的 AI 服务都在不断扩大。

不过，虽说是巨头，但在推进开发时也是有局限性的。因此，未来 AI 平台之间的协作和服务的联合也是极有可能发生的。

而企业作为使用 AI 服务的消费者，需要考虑的不仅是各个平台的功能，还要考虑各种服务的兼容性。

4.5　开发自主 AI 的软件：AI 中间件

对于从 Scratch 开始开发 AI 的企业来说，AI 中间件是不可或缺的软件。在 AI 热潮中，Google、Microsoft 等纷纷推出了安装有最新 AI 模型的产品。

什么是 AI 中间件

AI 中间件是指设计神经网络等 AI 模型时的部件，也指学习和测试所需的运算功能的集合。其中包括集合了 AI 开发中常用的数值计算等基本功能的程序库，以及更高级的、将卷积神经网络（CNN）等神经网络构建过程抽象化的框架。还有一些 AI 中间件装有 ResNet[⊖] 等著名的深度学习网络。企业可以根

⊖　ResNet：Residual Network 的缩写，该模型曾在著名的图像识别竞赛等中获胜。

据自己的技术能力和用途选择合适的 AI 中间件，提高开发工作效率。

AI 中间件的架构与代表性软件

AI 中间件是分级别的，高级别是在低级别的基础上制成的（图 4-6）。企业可以根据自己的开发需求选择本地库和框架。

图 4-6　AI 中间件等级

（1）本地库

最底层是本地库。在与硬件的配合下，能够使用 AI 加速常用的特定运算。例如，NVIDIA 正在开发的统一计算设备架构（Compute Unified Device Architecture，CUDA），在 NVIDIA

的图形处理器（GPU）上运行，与中央处理器（CPU）相比，可以加速矩阵和其他运算。

（2）程序设计语言

Python 是一种使用本地库来开发 AI 模型的编程语言。Python 是吉多·范罗苏姆（Guido van Rossum）开发的，他曾就职于荷兰国家数学和信息科学研究所（Centrum Wiskunde & Informatica）。Python 与 Ruby 和 Perl 一样属于解释程序[⊖]，主要用于海外教育机构。

Python 很久以前就被教育机构所使用，在之后的深度学习热潮中成为 AI 的主要开发语言，这是受为 Python 开发的库的影响。SciPy（Scientific Computing Tools for Python）就是一个典型的例子。

SciPy 是 Python 库的集合，可用于分析数据科学和高级数值计算以及模拟。例如，用于处理数学表达式的库 SymPy，用于处理数据结构和数据输入 / 输出的库 pandas，通过这两个库就可以执行与 MATLAB 等商业数字分析软件同样的计算。因此，一些大学会使用 Python 和 SciPy 库的组合来取代商业软件。

SciPy 还包括一个数字运算库"NumPy"，它使用了一个广泛用于向量计算的本地库 BLAS（Basic Linear Algebra Subprograms）。"scikit-learn"就使用 NumPy 等功能来运行各种

⊖ 解释程序：一种软件，用于连续解释和执行源代码。

机器学习的模型。scikit-learn 的出现决定了 Python 成为 AI 的主要开发语言。

随后，将 Python 与 SciPy 上发布的库相结合开发预测模型的做法在数据科学家中开始流行起来。在之后的深度学习热潮中，Python 上的功能不断扩展，在现如今的 AI 开发中，开发者也理所当然地选择了 Python。

Python 是一种解释语言，它本身并不比 C 语言等编译器语言⊖更快。但是 Python 的主要作用在于控件，大多数需要大量计算资源的运算都是由 Python 调用本机库来完成的。

因此，Python 虽是一个解释程序，但它在运算性能上的问题却很少被提及。Python 可以在交互式 shell 中工作，提供丰富的工具来对经过多种分析方法得出的结果进行可视化以及查看。从这些角度来看，Python 如今已经成为数据科学家和 AI 开发者的标准语言。

（3）库 / 框架

使用 Python 等语言，构建出 AI 开发指令集的就是"库 / 框架"层。这一层的基本运算功能也是通过底层的本地库等功能来实现的。

许多公司和开源组织都发布了相关软件，如蒙特利尔大学的本吉奥教授等人开发的"Theano"。Theano 是一个基于 Python 的程序库，于 2010 年发布。它利用了 GPU 的资源，内

⊖　编译器语言：从源代码中生成并执行机器语言等程序的语言。

置了高速运算功能，为许多研究人员和开发人员所用，对深度学习的发展产生了巨大影响。但是，2017 年 9 月，负责开发和维护的 MILA（Montreal Institute for Learning Algorithms）宣布，1.0 版后该组织将终止继续增加新的功能。

这一消息公布后，本吉奥教授作为 MILA 的代表表示，它给我们带来了成就感，但它也完成了它的使命。这也是一个时代的象征，因为 AI 中间件开发的主要承担者从大学研究机构转向了 Google、Facebook 等企业。

对于 Google 等在 AI 方面投入巨大的企业来说，框架的优劣展示的是自身技术实力，也关乎是否能够引进有实力的工程师。许多框架竞相在源代码开发共享网站 GitHub 上公开，其中最受欢迎的 AI 框架是 Google 开发的 TensorFlow，它赢得了众多开发者的青睐。

（4）API 封装

随着各种框架的出现，越来越多的人开始追求一个更易于使用的界面——API 封装（wrapper）。它是通过基于库和框架的功能进行重新设计开发的。例如，Google 工程师弗朗索瓦·肖雷开发的 "Keras"。为 Keras 提供实际计算功能的是后端引擎框架，可以使用前面介绍过的 Theano、Microsoft 开发的 CNTK（Microsoft Cognitive Toolkit）以及 Google 的 TensorFlow 等框架。

目前，Microsoft 和 Amazon 等公司共同推进的 Gluon，利用

API 封装对用户界面进行重新设计。

此外，开放神经网络交换（Open Neural Network Exchange，ONNX）将 AI 开发的模型规格通用化，提高了互用性。例如，在 Facebook 为主研发的 PyTorch 上开发的已学习模型，是可以在 Amazon 推动的 MXNet 上运行的。Microsoft、Facebook、Amazon 以及 NVIDIA 和 ARM 等芯片供应商都参与其中，使得云端开发的模型能够轻松地导入嵌入式设备等各种设备中。

今后所有已开发的模型，只要处在兼容的环境下，就能够在世界上任何一个角落运行的情况或将成为现实。

主要 AI 中间件见表 4-1。

表 4-1　主要 AI 中间件

时间	名称	具体说明
2010 年	scikit-learn	2010 年 1 月公开 得到了法国国家信息学自动控制研究所的支持，是一个开发机器学习的代表性模型的程序库
	Theano	2010 年 6 月公开 蒙特利尔大学的本吉奥教授等人将其作为深度学习在内的机器学习模型的开发框架
2014 年	Caffe	2014 年 3 月公开 加州大学伯克利分校的 AI Research 推出的深度学习模型的开发框架
	cuDNN	2014 年 9 月发布 能够加速 NVIDIA 的 Theano 等深度学习框架的库

（续）

时间	名称	具体说明
2015 年	Keras	2015 年 3 月 　由 Google 工程师弗朗索瓦·施雷发布，能够提高神经网络和其他模型的设计效率
	Chainer	2015 年 6 月 　preferred Networks 发布的深度学习模型的开发框架
	TensorFlow	2015 年 11 月 　Google 发布的机器学习和深度学习模型的开发框架
2016 年	CNTK	2016 年 1 月 　Microsoft 发布的机器学习和深度学习模型的开发框架
	PyTorch	2016 年 10 月 　Facebook 等沿袭 Torch 的功能发布的机器学习模型的开发框架
2017 年	MXNet	2017 年 1 月 　得到了 Amazon 等的支持，卡内基梅隆大学等开发的 MXNet 已在 Apache Incubator 上注册
	Theano	2017 年 9 月 　在年内 1.0 发布后，宣布现体制下结束开发
	Gluon	2017 年 10 月 　Microsoft 和 Amazon 发布的新界面，能够提高深度学习设计的效率
	ONNX	2017 年 12 月 　Facebook、Microsoft、Amazon、NVIDIA 和 ARM 等针对 AI 模型兼容性制定的规范，发布了 1.0 版本

AI 中间件的未来

在 AI 中间件的选择上，过去，每个框架的编码风格都各不相同。但是随着框架逐渐成熟，相互取长补短提升了使用的便捷度，现在这已经不是一个大问题了。

此外，NVIDIA 的 AI 本地库 cuDNN（The NVIDIA CUDA Deep Neural Network Library）是 AI 基础设施的行业标准，它支持各大主要的框架，使学习和推理的速度差异逐渐缩小。因此，框架开发供应商正在通过提供其独有的并行处理功能，以提升速度来实现差异化。另一方面，在 AI 的前沿研究中，每天都有新的架构被设计出来，随之而来的是功能的不断实现。然而，如果没有极其先进的数学知识和关于 AI 的前沿知识，要想实现最新的算法还是比较困难的，很难跟上其脚步。

在未来的一段时间内，各个供应商都将继续开发框架，但就像 Theano 一样，或许也都会逐渐告别舞台。有些开发小组可能会合并，也可能像 ONNX 一样开发出更加规范统一的框架。

4.6

Basics and
new trends
of AI

实现了 AI 的庞大计算能力：
AI 硬件

AI 得以实现的背后，是实现了海量运算处理的硬件的进化。特别是 NVIDIA 的 GPU，提供了深度学习的专业功能和开发环境，在 AI 应用上发挥着核心作用。

GPU 加速深度学习的处理能力

要实现深度学习，需要大量的数值运算，则提供了这一巨大的数字运算能力。GPU 原本是用于加速计算机图像显示的运算单元，但由于其强大的数值运算能力，近年来不仅应用于深度学习，还应用在了超级计算机中。

像深度学习这种 GPU 在机器学习领域的应用，早在 21 世纪初的早期就有了。然而，当时利用 GPU 的软件开发环境并不完善，其应用还是有限的。

在 21 世纪初的后半期，越来越多的人开始将 GPU 的高运算性能应用于图像显示以外的领域。将 GPU 用于通用计算的技术称为通用图形处理器（GPGPU），这进一步扩大了研究人员的认知。当时开发 GPU 的主要供应商有两家，分别是 NVIDIA

和于 2006 年被芯片供应商 AMD 收购的 ATI Technologies。
NVIDIA 致力于完善开发环境，于 2007 年开始为 GPU 提供名
为 CUDA 的开发环境。

2013 年，NVIDIA 的布莱恩·卡坦扎罗（Bryan Catanzaro）
和斯坦福大学的安德鲁教授团队进行了一项实验，确定了 GPU
在深度学习中的重要性。通过 GPU，他们实现了"Google 猫[⊖]"
深度学习的学习处理，其成本和功耗不到传统服务器的 1%。
此后，许多研究人员开始利用 NVIDIA 生产的 GPU 及 CUDA 进
行深度学习的研发。如今，使用 NVIDIA 生产的 GPU 已经成为
深度学习研发平台的行业标准。

GPU 环境选择

在使用 GPU 时，有多种方法可供选择。最便宜的方法是
在普通个人计算机（PC）上安装面向消费者销售的 GPU 卡
（图 4-7）。消费级 GPU 卡价格低廉，但在可靠性和性能方面不
如服务器级 GPU 卡。但是，如果运算量较少，或是用于算法开
发，那么它将是一个性价比非常高的选择（图 4-8）。

使用消费级 GPU 卡在使用软件许可证时有一些注意事项。
2017 年 12 月 20 日，NVIDIA 在消费级 GPU 的设备驱动程序软

⊖ Google 猫：从 YouTube 上提取 1000 张图片，使用深度学习进行学
习，创造出了对人脸、猫脸和人体照片做出反应的人工神经元。

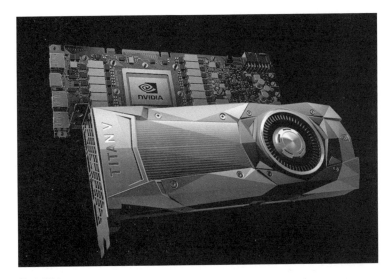

©NVIDIA

图 4-7　NVIDIA 的 GPU 卡

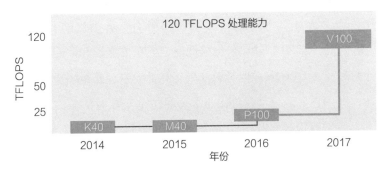

图 4-8　NVIDIA GPU 的性能

注：该图基于 **NVIDIA TESLA V100 GPU ARCHITECTURE** 绘制。

件许可中增加了禁止导入数据中心的条款。因此，廉价的消费级 GPU 只能在办公室和实验室环境中可用，将其作为服务器放置在数据中心的行为是违反许可证规定的。

与消费级 GPU 卡相比，服务器 GPU 的价格要高出近 10 倍，但对于需要使用深度学习进行大规模学习处理的机构来说，他们使用的其实是 GPU 服务器，装有多个服务器级 GPU。几年前，面向服务器的产品和面向消费的运算器的核心是差不多的，而最近面向服务器和高端的消费类产品都配备了一个专门用于深度学习的 Tensor core 运算器来提升性能。最新的 Volta 架构的 GPU 搭载了 640 个 Tensor core，能够以 120TFLOPS[⊖] 的性能处理乘积和运算；此外，还配备了 NVLink 高速网络 I/F，以便在使用多个 GPU 进行并行处理时提高性能。因此，在构建使用大规模并行系统的学习环境时，GPU 服务器是必不可少的。

使用 GPU 服务器的方式有两种，一种是自行购买并安装在数据中心，另一种是使用 Amazon 或 Google 的云。由于云服务中的 GPU 相对昂贵，因此在 GPU 服务器利用率较高的情况下，使用云服务是不划算的。在实际操作中，可以使用自己的 GPU 服务器来处理敏感数据，而在自己的服务器资源不足时再使用云。

⊖ 120TFLOPS：TFLOPS 表示 1 秒浮点（数值）运算次数为 1T（太，10^{12}）的单位。虽然运算精度不同，但 2002 年投入运用的当时世界性能最高的超级计算机"地球模拟器"的性能为 35.9 TFLOPS。

目标是进一步提升性能

虽然这是一个被 NVIDIA 垄断的深度学习硬件平台，但为了能够实现比 GPU 更高的单位功耗运算性能，人们开始寻找其他手段。然而，在推理处理方面，虽然正在推进 FPGA[⊖] 的使用和嵌入式 AI 设备的开发，但在学习处理方面的选择却并不多。

Google 的 TPU（Tensor Processing Unit）是为数不多的选择之一。TPU 是 Google 提供的机器学习平台 TensorFlow 的加速处理设备，第一代 TPU 是在 2016 年 5 月公布的。最初这款设备只支持推理处理，但 2017 年发布的 TPU2.0 和 2018 年发布的 TPU3.0 已经开始支持学习处理。

TPU 从 2015 年开始在 Google 内部使用，截至 2016 年发布时，除了 AlphaGo 之外，已经被 Cloud Machine Learning、Google 街景、语音搜索等 100 多个开发团队所使用。遗憾的是，TPU 并没有作为芯片在市面上销售，但它能够在 Google 的云环境中使用。

　　⊖　FPGA：Field Programmable Gate Array 的缩写，是一种能够通过程序改变电路结构的集成电路。

4.7

"已学习模型"和"AI 生成物"
到底属于谁：人工智能知识产权

投入了大量智慧和数据创造出来的 AI 及其产物拥有很高的市场价值。于是，关于"已学习模型"和"AI 生成物"的知识产权问题的讨论越来越活跃。

作品保护需要在程序部分有创造性

日本的内阁府知识产权战略本部正在推进制定以 AI 为代表的新知识产权创造规则的研究，2017 年 3 月，以《新型信息财产检讨委员会报告书》的形式汇总了关于"已学习模型"和"AI 生成物"的研究结果。

在现行的知识产权保护制度下，以创造性的方式表达思想和感情的东西是受版权保护的。例如，基于深度学习的"已学习模型"，是由 Python 等编程语言描述的神经网络结构和从学习结果中获得的参数组成的。

其中，由机器自动生成的"已学习模型"的参数部分不太可能被看作是作品。因此，"已学习模型"是否受版权保护取决于程序部分的创造性。但是，由于目前还没有明确的界限来确定程序部分是否具有创造性，因此有必要考虑采用反不正当竞争法和合同来对其进行保护。

"已学习模型"包括两种类型，一种是使用现有"已学习模型"创建的衍生模型，另一种是称为蒸馏模型的模型。

衍生模型将现有的"已学习模型"作为新模型的初始值，在此基础上在短时间内构建出高性能模型。值得注意的是，衍生模型中虽然程序部分的版权是受保护的，但为衍生模型提供训练数据的人在法律上并不拥有任何权利。

而蒸馏模型是利用现有"已学习模型"的输入和输出（推理结果）创建的"已学习模型"。蒸馏模型是一种能够在短时间内生成紧凑且高性能模型的方法。蒸馏模型不需要利用与现有"已学习模型"相同的神经网络，很难证明完成的蒸馏模型和原始"已学习模型"的关系。因此，即使擅自利用他人制作的"已学习模型"来制作蒸馏模型，也不太可能被认定为侵犯了知识产权。

用户可能会恶意使用供应商版权所有的现有"已学习模型"去创建自己的蒸馏模型。为了避免这类问题的发生，通过合同来保护现有的"已学习模型"是极为重要的。

AI 数据使用的合同指南

日本经济产业省于 2018 年 4 月 27 日公布了《AI 数据使用

相关合同指南（草案）》（以下简称《指南》），该《指南》由
数据篇和 AI 篇组成。

（1）AI 篇

AI 篇根据 AI 软件的特点，内容涵盖了开发和使用合同时
的考虑要素、当事人要如何形成适当的激励机制，以及如何避
免纠纷的基本思路等。

《指南》就 AI 的学习模型开发和服务使用方面针对下列问
题制定了相关方案：

1）当事人不了解 AI 技术的特性。

2）使用 AI 技术软件的权利关系和责任关系等法律关系不
明确。

3）用户提供给供应商的数据可能具有较高的经济价值或
保密性。

4）尚未建立使用 AI 技术来开发和使用软件的合同惯例。

《指南》针对上述问题总结了已学习模型的开发合同、使
用合同中的要点，并指出了适用法律的选择、解决争端的手
段，以及各国对数据处理的监管差异等国际交易中的注意
事项。

（2）数据篇

在数据篇中，考虑到数据的使用、处理和转让等以数据为

对象的合同很容易成为不完整合同（即未涵盖合同订立后可能发生的所有情况的合同），这部分的内容主要是帮助双方订立更加合理的合同。具体而言，有关数据的合同可以整理为以下三种形式，以合同条款为例：

1）数据提供型：当数据提供者向另一方提供数据时，约定另一方的使用权限和提供条件的合同。

2）数据创造型：在新创建数据的情况下，涉及数据创建的各方需要就数据使用权限达成协议的合同。

3）数据共享型：通过平台共享数据的合同类型。

《指南》已于 2018 年 5 月停止接受公众意见，今后将会进行修订。但是其中整理了现阶段 AI 开发中极为重要的注意事项，对于 AI 的开发者和合同的负责人来说是一本必读的指南。

"AI 生成物"的知识产权

与"已学习模型"一样，在现行的知识产权保护制度下，"AI 生成物"的思想和感情的创造性表达也将被视为作品受到保护。因此，以 AI 为工具创作的东西，与其他作品的待遇是同等的。然而，如果 AI 用户的贡献仅仅停留在一个简单的指令、不能算作创作贡献，那该 AI 生成物则被认为是由 AI 自主产生的，将不会被认定为是受版权保护的作品（图 4-9 ）。

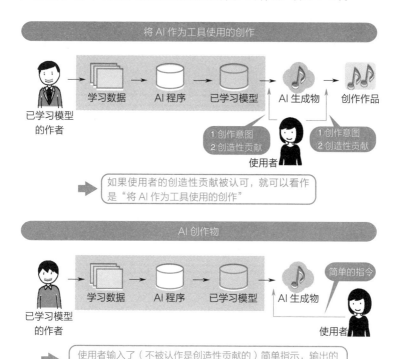

※AI 以创作意图完全自主进行创作的情况（强 AI）属于 AI 创作物。

图 4-9　"AI 生成物"的知识产权

注：基于新型信息财产研究委员会报告书概要绘制。

　　关于是否赋予以 AI 为代表的尖端技术产生的生成物知识产权这个问题，有两个相反的观点。一个观点是，通过 AI 等技术能够在短时间内产生大量的生成物，因此，对这些产品授予版权可能会导致过度保护，并可能导致某些公司垄断市场。

另一个观点是，如果对 AI 等产生的生成物不进行某些保护，那么对最初生产生成物的企业来说将失去激励作用。

除此之外，也有在日本被认为是不具有知识产权的"AI 生成物"在其他国家得到承认的情况。比如，英国就承认对人类未参与创造的计算机产品进行知识产权保护。目前，各国对"AI 生成物"的讨论才刚刚开始，步调也并不一致。但是，今后 AI 的创造力肯定会进一步提高，因此企业在应用技术的同时，也需要有意识地采取一些保护生成物权利的手段。

中国自主进化的信用评价体系

与美国一样，中国也将 AI 的开发作为国家战略。中国还使用 AI 实现了特有的提升，那就是"芝麻信用"等信用评价体系（图 4-10）。

芝麻信用是阿里巴巴旗下蚂蚁集团为"支付宝"开发的一项服务，始于 2015 年。它会根据支付宝的支付情况，以及用户在阿里巴巴运营的电商中的购买记录、即时通信工具发布的内容和朋友关系，以及玩游戏的时间等记录进行综合评分。分数从 350~950 分不等，高分用户可以获得利率优惠等服务。

贷款评估由来已久，但在中国广为流传的信用评价体系却具有前所未有的特点，比如，评分来源数据的多样性和规模，以及用户能够看到自己的得分情况等。

中国国内基于这一信用评价系统得分的服务正在向社会

渗透，并且迅速扩大。例如，2018 年 3 月推出的扫描车辆牌照
完成高速公路费用支付服务的使用条件就是用户分数必须高于
550 分。

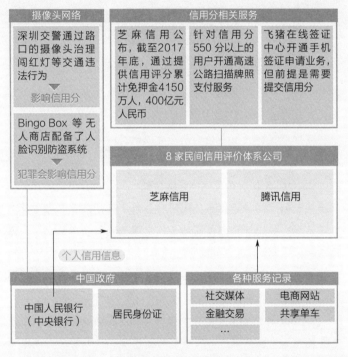

图 4-10　信用评价体系的概要及相关服务

注：该图出自野村综合研究所。

　　在申请新加坡等国家的签证时，根据用户信用积分能够免
除部分申请文件。目前，中国日常生活的各种服务都纳入了信
用评价体系中，信用评价体系已经成为一种社会基础设施。

此外，高分者在使用各项服务时可以享受免押金待遇，这些被免除的押金总额也体现了信用评估系统的使用范围之广。截至2017年底，使用芝麻信用的用户累计达4150万人，被免除的押金总金额高达400亿元人民币。

同样经营支付服务的腾讯和以保险闻名的中国平安保险等公司也在建立信用评价体系。

基本的个人信用信息来自中国人民银行（中国的中央银行），各公司在此基础上加入自己独有的数据来计算得分。中国人民银行控制着基本数据的管理，如果发生信用评分的滥用，就会立即下达停止业务的判断，可以说政府对各公司的影响是非常大的。

2018年3月，百行征信有限公司成立，旨在由政府建立起一个统一的信用评价体系。民间的信用评价体系企业也对其进行了出资，但出资比例最高的是"中国互联网金融协会"，占比36%。

从这一点来看，未来中国政府将会吸收分散在各个信用评价体系公司内的个人行为数据。

中国政府开发了"天网工程"，在治安问题突出的城市等地区构筑起了拥有数千万台摄像头的系统。该系统还与人像比对系统配合使用，每秒能与30亿条数据进行比对，准确率高达99.8%，2017年共逮捕了2000名犯罪嫌疑人。

支撑天网工程数据的就是"居民身份证"。居民身份证是中国政府要求16周岁以上的所有人必须携带的带有头像的身份证明。有了这些数据，政府就能轻松通过摄像头进行人像比对。

　　马来西亚计划通过阿里巴巴引进与此类似的机制作为智慧城市系统，目的是为了缓解首都吉隆坡的慢性交通堵塞。而一旦政府决定加强治安监控，那么智慧城市系统也很快就能变身为与天网工程类似的系统。

　　随着信息量的增加，AI 的性能得到了飞跃性的提高，构建出一个能够有效收集和组织信息的平台对于 AI 的进化是不可或缺的。极端地说，作为国家战略，为了提高 AI 的竞争力，这也是一种必要的基础设施。目前在中国，人们优先考虑的是评分带来的好处以及加强监督带来的治安的改善。但是，我们不能忘记这是一把双刃剑。

　　在考虑未来 AI 的进化和发展时，中国是一个不能忽视的国家。另外，在东南亚和印度这样的新兴地区和国家，由于智能手机等基础设施的普及，也进化出了当地独有的 IT 服务。因为其一跃成为最新技术得以运用和普及，所以也被称为"蛙跳（Leap Frogging）"，这些最新技术在我们不知道的地方爆炸式地传播开来，有些还出口到了发达国家。

　　除了欧美等发达国家外，今后我们有必要持续关注新兴国家的 IT 技术动向。

Chapter

第5章
了解尖端理论：
AI的原理与研究前沿

Basics and new
trends of AI

深度学习是当前AI的核心，可分为擅长图像识别和自然语言处理等不同领域的类型。

本章将介绍典型的深度学习工作原理和前沿应用案例，以及在技术应用中面临的挑战。读者在掌握了基础理论之后，就能进一步自主学习AI的知识了。

5.1

图像识别以外的应用范围有所扩大：CNN

由于 CNN 最初是模仿人类视觉功能而创建的，因此其主要应用领域是图像识别。但最近，它的应用领域正在不断扩大，开始应用于信号处理和自然语言领域。

什么是 CNN

卷积神经网络（CNN）是一种神经网络模型，能够像处理图像一样处理规则排列的数据。CNN 这个名称源于处理时利用了"卷积（convolution）"的数学运算处理。

图 5-1 所示为 CNN 配置示例。CNN 是通过在输入层和输出层之间排列成对的卷积层和池化层来实现的。

图 5-1　CNN 配置示例

　　构成 CNN 的卷积层和池化层充当了滤波器的功能。卷积层的功能是捕捉图像等输入数据的特征，而池化层的功能是减少卷积层得到的特征在数据中对位置的依赖性。由于池化层的存在，即使目标特征在输入数据中的位置稍微偏移，也会被识别为相同的特征。在图像识别的情况下，一对卷积层和池化层的处理目标是一个边长为几个像素的正方形区域，比如 3 像素 ×3 像素。

　　在开始阶段，捕捉大约 3 像素 ×3 像素的狭窄区域的特征。然后在中间阶段，通过处理在开始阶段中获得的特征，可以捕捉原始图像更大范围的特征，如 9 像素 ×9 像素。

　　具体来说，在开始阶段提取纵横斜线，在中间阶段捕捉由这些线组成的四边形和三角形。反复进行这一过程，就能捕捉复杂的特征。

　　在最后阶段，通过组合从整个图像中提取的特征，就能识别出对象是什么。

CNN 的发展和应用范围的扩大

　　在 2012 年进行的 ImageNet 大规模视觉识别比赛（ILSVRC）中，利用 CNN 的团队以压倒性的性能获得了冠军。之后使用了 CNN 的软件性能继续提升，2015 年已经实现了与人类相同或更高的识别率。

随着性能的提升，神经网络也变得越来越复杂。图 5-2 所示为近几年发布的用于图像识别的神经网络的性能（识别准确度）和处理量，随着性能的提升，可以看到运算量在不断增加。

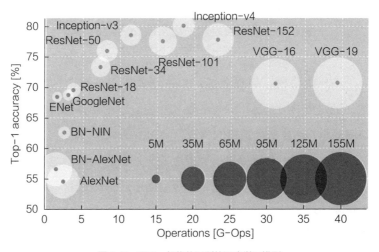

图 5-2　用于一般物体识别的深度学习模型

注：该图出自 arXiv 的 An Analysis of Deep Neural Network Models for Practical Applications，其中圆的大小表示的是神经网络参数的数量。

在 2012 年 ILSVRC 中夺冠的 AlexNet 为 8 层，2015 年夺冠的 ResNet 则有 152 层，数字出现明显提升。

CNN 的应用范围也在不断扩大，其中应用最多的是图像识别领域。具体来说，能够用于图像分类（如识别是狗还是猫等）、对图像中对象物方框内的物体检测、以像素为单位识别对象区域的分割等基本处理，还可用于人脸识别和字符识别等。

CNN 也适用于时间序列数据[一]。但是需要注意的是，CNN 输入层中的神经元数量在学习时必须为固定数量，因此只能处理固定长度的输入数据。例如，可以将语音的时间序列数据划分为 10 毫秒等固定长度，并按顺序进行处理。但是，在处理句子等自然语言处理或处理不知道需要处理的单词数是多少的不定长度的数据时需要另下一番功夫。具体来说，需要准备足够数量的神经元作为输入层，以满足假定的输入句子的单词数。

对于自然语言处理，从精度和算法安装的观点出发，一般使用的是下一节将为您介绍的循环神经网络（RNN）。但是由于 CNN 的并行处理相对容易且比 RNN 的处理速度更快，因此在自然语言领域的应用研究备受关注。最近，在情绪分析[二]、对句子内容进行政治或经济类别划分以及语音识别和字符识别后处理使用的语言模型等方面取得了良好的成果。

CNN 面临的挑战

CNN 最初是参考人类视觉功能设计的。因此，在结构上与人类视觉功能类似，但有时却又表现出与人类视觉完全不同的行为。最近的研究表明，在 CNN 进行图像识别时，如果对输入图像施加一点点干扰，那 AI 就有可能出现人类不可能出现的错误。

[一]　时间序列数据：指随时间变化的数据，包括气温的变化和每天股价的变化等。

[二]　情绪分析：从数据中分析情绪的方法。

施加的干扰可能是人类无法识别的噪声级别，也可能是
对人类而言看似毫无意义的变化。这些诱导 AI 出现错误而制
作的图像称为对抗样本（Adversarial Example）。在 Adversarial
Example 中，一个特别受关注的问题就是，通过对真实世界中
的物体进行细微加工就能使 AI 出现错误认知。图 5-3 所示为
美国华盛顿大学 Ivan Evtimov 等人发表的研究结果的照片，研
究结果显示，只需要在"STOP"的路牌上贴上几张贴纸，就能
够让机器将其错误地识别为 45 千米 / 小时的限速标志。

图 5-3　路标的 Adversarial Example

注：该图出自 CVPR2018 Robust Physical-World Attacks on Deep Learning Visual
Classification。

显然，这种 Adversarial Example 对自动驾驶车辆的安全性构成了巨大威胁。目前人们正在研究如何应对这一问题。

但是，此类问题可能还会陆续产生。与 IT 领域的安全问题一样，AI 要想被社会广泛接受，我们就必须正视 AI 的安全问题。

5.2 实现自然语言处理的技术：RNN

与 CNN 一样，RNN 也是具有代表性的深度学习模型。RNN 擅长处理自然语言处理等时间序列数据。最近，它还与物联网相结合，用于检测和预测设备的异常。

什么是 RNN

CNN 不仅可以处理图像等二维数据，还可以处理时间序列数据等一维数据，但有一个限制，就是输入必须是固定长度的。因此，如果遇到一个无法预先确定长度的句子，那么处理起来就要花费一番功夫。而 RNN 则是一种能够更自然地处理不定长度数据的神经网络。

图 5-4 所示为 RNN 的结构。与 CNN 不同的是，它能够在隐藏层中再次使用自己的输出值 h 作为输入，具有反馈环路的功能。

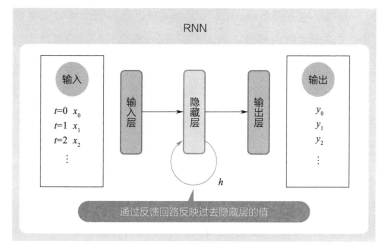

图 5-4　RNN 的结构

图 5-5 所示为按时间轴展开的 RNN，描述了在 RNN 中实际输入时间序列数据时的行为。图中，时间沿垂直方向前进，输入层的输入值随时间变化为 $\{x_0，x_1，\cdots，x_T\}$。对于像 CNN 这样没有反馈回路的神经网络来说，在输入 x_1 时，关于 x_0 的信息并没有留在神经网络中，因此对 h_1 的计算没有任何影响。相比之下，由于 RNN 具有反馈环路，因此在计算 h_1 时可以利用 $t=0$ 时隐藏层的输出值 h_0。同样，由于在计算 h_2 时会使用 h_1，因此不仅使用了 x_2，而且还会使用 x_0 和 x_1 的值。通过这种方式，RNN 利用过去的输入数据实现了对时间序列数据的处理，却无须预先准备多个输入层神经元。

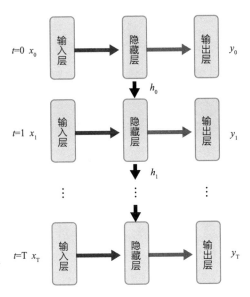

图 5-5　按时间轴展开的 RNN

基于 RNN 的语言模型

举一个更具体的例子，让我们考虑在 RNN 中运行语言模型。语言模型是预测句子中某个字符或单词之后出现的字符或单词的概率的模型。在 PC 或智能手机上输入文字时，可用于预测下一个候选单词以及文章的校对等。

例如，在语言模型中输入句子"高温天气持续"。然后，每输入一个单词，RNN 就会预测并输出一个很可能出现的单词。具体来说，如果输入"高温天气持续"这样的句子，之后很可能会出现"多日""不断"等单词。为了真正构建出语言模型，我们需要让 RNN 模型学习大量的文章。日语学习用的文章，可以使用维基百科的文章和日本国立国语研究所提供的语料库（该语料库是语言分析的基础资料，系统地收集了日语的书面语和口语资料，可用于研究）等。

但是，这些语料中并不包含企业或行业特有的表达或单词。因此，要想使用这样的表达和单词，企业需要自己完善训练数据。如果能够准备大量行业特有的文章等，就可以构建行业专用的语言模型。

笔者已经完成了如下实验：在将医生的手写版诊断书转换为电子文本时，如果使用学习过医学相关文章的语言模型，那么就能对文字识别时出现的错误识别进行校正。

RNN 的形式和应用任务

RNN 经常用于自然语言处理，但除此之外，它还用于工厂设备等运行数据和股价这类时间序列数据的预测。此外，因为它同样适用于 CNN 擅长的固定长度数据，所以也用于图像处理。

使用 RNN 时，需要根据目标任务构建不同形态的神经网络。图 5-6 所示为四种典型的使用模式。与前面的"按时间轴展开的 RNN"一图相比，横纵方向不同，但它们的基本组成要素都是一样的——均由输入层、隐藏层和输出层组成。

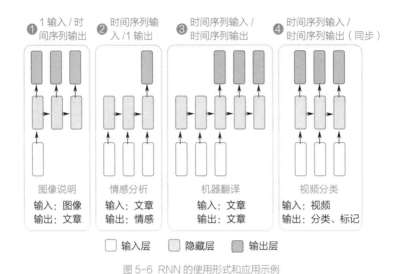

图 5-6 RNN 的使用形式和应用示例

注：野村综合研究所基于 http://karpathy.github.io/2015/05/21/rnn-effectiveness/ 制成。

（1）1 输入 / 时间序列输出

这种形式的 RNN 用于为图像生成字幕等。具体来说，针对 1 张输入图像，可以输出单词的时间序列——文章（说明）。

（2）时间序列输入 /1 输出

这种形式的 RNN 适用的任务是，输入文本后，它能够判定文本内容的情感是肯定的还是否定的，然后输出其中一个作为结果。这类任务称为情感分析，可以用来分析客户的调查问卷，还能从新闻报道中预测股票价格变化（上涨或下跌）。

（3）时间序列输入 / 时间序列输出

这种形式的 RNN 的典型应用就是机器翻译。输入单词的时间序列——日语句子后，输出英语单词的时间序列——英语句子。这种用法是从时间序列生成时间序列，因此也叫作 sequence to sequence（seq2seq）模型。

此外，由于可以把它看作是一个将输入的时间序列转换（编码）为某种特征量，然后再转换（解码）为另一个时间序列的功能，因此也被称为编码 – 解码（encoder-decoder）模型。

（4）时间序列输入 / 时间序列输出（同步）

这种形式的 RNN 对于每一个时间序列输入的数据，都会一一对应地输出数据。如（3）所示，输入和输出的单词数不一定要一致，比如日语和英语的翻译。但是，在同步类型的情况下，输入和输出的数量是一致的，这一点与（3）的类型不同。这种形式的 RNN 用于对视频中的每一帧进行分类和标记。

使用 LSTM 控制长期相关性

RNN 的结构使它能够使用过去的输入信息，但在实际使用中，很难让其学习如何熟练地使用长期的依赖关系。这是因为 RNN 实际上等价于层数极深的神经网络。例如，如果 RNN 处理的时间序列是 1000 步，则需要对 1000 层深度神经网络进行学习处理。上一节介绍过的 CNN 中，层数最大的 ResNet 也只有 152 层，从这点也可以看出 RNN 处理的层数有多深。

因此，RNN 的隐藏层不是普通人工神经元加上反馈回路那样简单的结构，一般使用的是能够显式地控制长期和短期依赖关系的功能块，如长短期记忆网络（Long Short-Term Memory，LSTM）。

　　LSTM 在内部有一个存储单元，可以在需要时保持固定值，在不需要时也能够遗忘。自 1997 年首次提出 LSTM 以来，经过多次功能改进，目前已有多个版本。一般情况下，用户在使用 TensorFlow 等深度学习框架时，会不经意地使用到 LSTM 的功能。LSTM 和 RNN 擅长的时间序列处理，与 IoT 也有关系，其未来发展值得期待。

5.3　　生成图像数据的技术：GAN

Basics and
new trends
of AI

　　深度学习不仅能够识别图像和语音，相关的技术已投入实际应用。近年来，由文字描述生成图像的控制技术不断提高，相关技术的商业应用也随之不断扩大。

生成模型和 GAN

　　机器学习的分类模型有两种：识别模型和生成模型。

　　识别模型直接对输入数据诸如是狗的概率和是猫的概率建模，被 CNN 用于图像识别，可以输出 80% 是狗或 20% 是猫的结果。

与识别模型一样，生成模型能够计算出属于每个类别的概率，但它首先要根据观测数据估计数据的概率分布，然后根据其知识计算概率。生成模型估计的概率分布如图 5-7 所示。在此图中，假设有○和 × 两类，椭圆表示的是概率分布。如果可以估计出概率分布，那么就可以知道 × 的椭圆中心部分的数据属于 × 的概率较高。

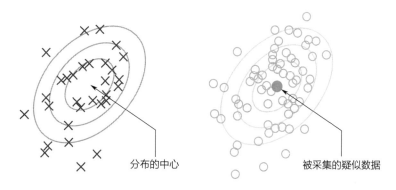

分布的中心

被采集的疑似数据

图 5-7　生成模型估计的概率分布

如果识别模型和生成模型只是用于识别，那就没有太大区别。但是，生成模型的优势是，它不仅可以创建分类，还可以创建属于某个类的疑似数据。通过对图 5-7 中●部分的数据进行采样，可以创建属于○类的疑似数据。例如，如果○是狗的图像数据，那么我们就可以预计●也是狗的图像数据。

这个生成模型通过深度学习实现了深层生成模型。深

层生成模型目前尤为受到关注的是一种称为生成式对抗网络
（Generative Adversarial Network，GAN）的方法。

　　GAN 由两个神经网络组成：生成器（Generator）和鉴别器
（Discriminator）。生成器推算生成模型，并生成与所学习的真
实图像数据属于同一类的疑似数据。而鉴别器识别的样本可能
来自真实图像数据，也可能来自生成器。GAN 可以让这两个神
经网络通过竞争来完成学习（图 5-8）。

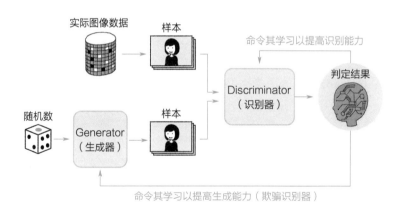

图 5-8　GAN 的工作原理

　　这两个神经网络之间的关系经常被比喻为制作伪钞的人和
试图识破伪钞的警察。制作伪钞的人想要制作出能骗过警察的
伪钞，而警察则希望识别出伪钞，二者互相竞争，使得假钞与
真钞相差无几。

　　这种两者之间的冲突称为对抗过程（Adversarial Process），
它是 GAN 的词源。就像上面的例子一样，GAN 通过让两个

神经网络相互竞争，生成与真实图像数据相匹敌的疑似图像
数据。

GAN 适用的任务

GAN 这项技术，是在 2014 年由当时的蒙特利尔大学博士
生伊恩·古德费罗提出的。虽然提出时间尚短，但受到了学会
以及产业界的高度关注，许多相关研究和产业应用都正在推
进中。

前面介绍过，GAN 能够生成与真实图像一模一样的图像。
早期 GAN 生成的图像略显模糊，但通过 GAN 和 CNN 集成的
深度卷积对抗生成网络（Deep Convolutional GAN，DCGAN）技
术，现在已经能够获得非常高质量的图像。

此外，通过使用 DCGAN 在图像生成时的特征向量，就可
以实现诸如"微笑的女性 – 女性 + 男性 = 微笑的男性"这一图
像间的演算，第 2.5 节中介绍过的 Word2vec 的单词间向量运算
也可以对图像进行同样的操作。随着这种技术的发展，图像生
成的控制技术也得到了提升，现在已经可以从"身体为黄色带
有黑色羽毛的短嘴小鸟"这样的句子中生成小鸟的图像了。

GAN 不仅能够生成这些简单的图像，而且能够将图像转换
为图像。具体而言，它实现了从黑白图像到彩色图像，从线条
（边缘图像）到自然图像（具有材料感表面的图像），从航空图

像到地图图像，以及从物体分割图像到原始自然图像的各种图像转换。这些技术可以用于网页上，自动生成客户定制的图像内容。

目前，在工业上的正在推进的 GAN 应用是制造业产品检验和基础设施管理中的维护工作。在根据产品图像检测异常时，我们首先想到的是如何让其大量学习存在异常的图像，来构建异常检测的识别器。然而，由于异常发生的概率通常较低，在许多情况下，这一方法并不适用。相比之下，使用 GAN 这样的技术，可以根据各种情况生成正常的图像。通过将生成的正常图像与实际图像进行比较来检测是否存在异常。日本的东芝和电力公司正在合作开发基于 GAN 技术的输电线路维护检查的解决方案。

此外，最近也有人尝试将 GAN 应用于药物开发。美国生物技术公司 Insilico Medicine 正在试图通过能够生成具有抗癌特性化合物的网络与基于现有治疗信息来确定化合物效果的网络二者的相互竞争，建立起一个开发癌症治疗药物的网络。GAN 有望在各个产业中得到应用。

"Deep fake" GAN 引发的 AI 阴影

在近年来的与深度学习相关的技术中，GAN 与强化学习一样，是最有工业应用前景的技术，但其先进的功能也引发了社会问题。Deep fake 是使用 CycleGAN（一种专门用于图像转换的 GAN）技术把名人与其他人换脸后合成的图像和视频的总称。该技术可以用于电影的特摄，但一旦被滥用，就会产生让人无法辨别真假的新闻素材。

Deep fake 扩大的一个主要原因是，2018 年 1 月一家名为 Reddit 的社交新闻网站发布了一款名为"FakeApp"的应用。CycleGAN 这样的新技术的样例代码，有很多会被开发人员以及学习论文后成功实践的工程师在 GitHub 等互联网软件开发平台上发布，知道的人不在少数。

但是，一般人要从源代码中制作出深度学习的应用程序，需要面临深度学习的开发环境是否完善等技术壁垒，并不是一件容易的事。而在"FakeApp"中，只要准备好人物头像，就可以简单地制作出换脸后的影像。因此，该应用自发布到同年 2 月被推特（Twitter）等社交媒体禁用的短短 1 个月左右的时间里，用户就已经上传了大量 Deep fake 作品。

虽然"FakeApp"的存在本身并不违法，但它无疑成为众多版权侵害和诽谤事件的导火索。可以说，AI 的技术人员需要更加慎重地考虑技术对社会的影响。

5.4

从试错中学习的技术：深度强化学习

　　不使用预先准备的训练数据，从试错中学习模型的方法就是强化学习。通过强化学习和深度学习相结合的深度强化学习，机器人的控制等方面取得了很大的成果。

什么是强化学习

　　强化学习是一种机器学习方法，系统在不断试错的同时实现最优控制。最优控制的概念从 20 世纪 50 年代末就出现了，现在强化学习的原型也是在 20 世纪 80 年代末建立起来的。近来，强化学习与深度学习相结合的深度强化学习，除了围棋等游戏之外，开始广泛应用于机器人的控制和自然语言处理。

　　强化学习的任务是将处于某一"状态"中的代理选择的"行为"所能获得的"奖励"最大化（图 5-9）。这里需要注意的是，奖励不是针对"每项行动的结果"，而是针对"连续行动的结果"。在围棋中，奖励不是根据每一步棋落下后棋子的数量来决定的，而是对最终决定游戏胜利的棋步给予最大奖励。

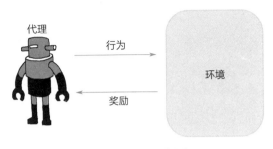

图 5-9　强化学习的任务

　　利用深度学习解决强化学习的任务，第一个成功的案例就是第 1.1 节中介绍的 DQN。DQN 是运行视频游戏的代理，在 DQN 中，我们在 Q 学习的处理里有两个地方使用了深度学习。

　　一个是代理识别"状态"的地方。DQN 在视频游戏中应用了 CNN 技术来提取图像特征，从而实现了对"状态"的正确识别，这在过去是很难做到的。

　　另一个是优化"行为"的地方。DQN 通过深度学习构建了一个行为价值函数，它能够对"某种状态"下选择了"某种行为"时的"奖励"予以评价。在实际的 DQN 中，通过深度学习实现了对"状态"的识别和行为价值函数的结合，是一个可以识别适当"情境"选择适当"行为"的系统。

金融和自然语言处理方面的应用在扩大

　　深度强化学习不仅应用于围棋、象棋等游戏世界，最近在机器人控制领域也得到了广泛应用。在日本，Fanuc 和 DENSO

正在研发如何将其应用于工业机器人的控制。在制造业中，第
3 章中介绍的 Bonsai 这样的初创公司已经将其转化为解决方
案，预计今后其适用范围也将越来越大。

在制造业以外，作为深度强化学习的新应用领域受到关注
的是金融和营销领域以及自然语言处理中的交互控制。

金融领域正在研究如何将其应用于股票的交易策略。近年
来，虽然利用深度学习来预测股价并不断提高预测准确性的做
法并不少见，但在预测的执行部分，还是以基于规则的算法为
主流。

而从 2017 年左右开始，在执行部分应用深度强化学习的
尝试迅速增加。将深度强化学习应用于执行部分的目的是建立
一个能够将投资回报最大化的执行模型。其目标是通过学习预
测价格走势的深度学习模型和最大化回报的深度强化学习模
型，实现更高级的交易策略的系统（图 5-10）。近年来，这种
预测模型和优化执行策略的模型组合也用于能够提高客户终生
价值⊖的产品推荐和服务策划中。

在自然语言处理中，深度强化学习的使用也在不断推进。
在深度学习的开创性研究者之一——蒙特利尔大学的本吉奥教
授开发的"MILABot"对话系统中，为了实现在生成对话答案
时能够从多个候选中选出最佳答案的功能，使用到的就是深度
强化学习。

　　⊖　客户终生价值：客户在整个交易期间为公司带来的利润总和。

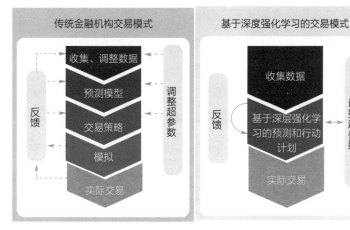

图 5-10　深度强化学习优化股票交易

注：野村综合研究所基于 Merantix 公司演讲资料制成。

具体来说，为了提高用户满意度，MILABot 构建了一个让人类使用者评价对话质量的机制来训练回答选择功能。这种在对话中运用深度强化学习的研究正在迅速扩大。虽然实现对话系统时存在的诸多问题无法全部通过深度强化学习来解决，但深度强化学习在自然语言处理领域的应用将会越来越重要。

深度强化学习的课题

深度强化学习的适用领域逐步扩大，但仍存在一些实际应用上的挑战。其中最难的就是价值函数的构建。DQN 的通用性很强，同一个程序可以攻略多款游戏，但有些游戏却完全不支持。这些不支持的游戏有一个特点，那就是获得奖励的频率极低。在这种"稀疏奖励"的情况下，强化学习无法正常工作，因为它们没有机会学习获得奖励的案例。此外，人工设计价值函数原本就很难，这也是运用强化学习时的一大挑战。

解决价值函数构建难题的方法之一就是模仿学习。模仿学习有几种方法，其中最简单的是一种叫作 Behavior Cloning 的方法。Behavior Cloning 可以让系统跟踪学习人类的专业行为。NVIDIA 将这种方法运用到了汽车的自动驾驶中（图 5-11）。该系统使用 CNN 进行建模，以此来学习针对输入的图像如何像人类一样控制方向盘和加速踏板。

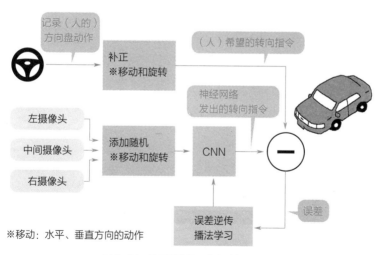

图 5-11　基于模仿学习的自动驾驶机制

注：基于 https: //devblogs.nvidia.com/parallelforall/deep-learning-self-driving-cars/ 绘制。

除了 Behavior Cloning 之外，模仿学习还包括通过反向强化学习从人类的专业行为中预测奖励的方法，以及利用 GAN 基于生成模型构建优化行为的模型的方法——生成对抗模仿学习（Generative Adversarial Imitation Learning，GAIL）。日本一家名为 Ascent Robotics 的初创公司正在使用 GAIL 等模仿学习的技术来控制机器人以及自动驾驶汽车的开发。

Chapter

第6章
AI 会超越人类吗：
AI 的发展与未来

Basics and new
trends of AI
————

在思考 AI 的未来时，需要考虑 AI 人才短缺等问题。另外，AI 对就业的影响引发了人们的担忧，AI 是否将迎来超过全人类智能综合能力的奇点问题也引发了人们热议。

在本书的最后一章，我们将着眼于 AI 与人和社会之间的关系，俯瞰 AI 进化后人类的未来。

6.1 ▶ AI 是否拥有自我：强 AI 和弱 AI

Basics and
new trends
of AI

近年来，技术进步带来了 AI 的显著进化。因此，关于 AI 拥有了我们曾认为是天方夜谭般的与人类同等的智慧，以及拥有自我和心灵的 AI 的可行性的讨论和研究日益活跃。

专业化人工智能和通用人工智能

那些虽然能够战胜世界上最好的职业棋手，但却无法进行文字识别和对话的 AI，称为"特定人工智能"。与之相对，像人类一样能够学习和处理广泛课题的 AI 称为"通用人工智能"。有人认为，如果说 AI 原本只是机械地实现人类的智能，那么"通用人工智能"才是真正的 AI，"特定人工智能"只是自动化地解决特定课题的机器而已。

但现在，人们通常将替代人类部分智力活动的各种"特定人工智能"称为 AI。因此，人们使用"通用人工智能（Artificial General Intelligence，AGI）"一词来区分与人类一样具有相同通用性的 AI。

目前，实现"通用人工智能"的方法还不明确。因此，从第二次人工智能热潮开始，很多企业和研究机构就以"特定人工智能"的实用化为目标展开了活动。但是，随着计算机运算性能的提升和脑科学等学科的发展，进入 2000 年后，人们对"通用人工智能"的关注度逐渐高涨。特别是最近几年，借助深度学习带来的 AI 热潮，提出实现"通用人工智能"的初创企业和组织越来越多。

因 AlphaGo 一举成名的 Google 旗下的 DeepMind 就是其中之一。在 DeepMind 的主页上，悬挂着他们的企业使命："阐明智力，让这个世界更美好"。DeepMind 的创始人德米什·哈萨比斯试图通过将机器学习与脑神经科学相融合，从而实现"通用人工智能"。该公司开发的 AlphaZero 就具有一个既支持围棋，还支持国际象棋和象棋的通用性 AI，这也是该公司实现"通用人工智能"的成果之一。

"强 AI"和"弱 AI"

与"特定人工智能"和"通用人工智能"相似的概念有"弱 AI"和"强 AI"。这一分类由美国哲学家约翰·塞尔（John Searle）提出，在他 1980 年发表的题为《心、脑和程序》（*Minds，Brains and Programs*）的论文中就使用了这一分类。

塞尔在这篇论文中提出，"弱 AI"只是做一些看起来智能的动作，是研究心灵的工具。而通过"强 AI"，计算机不仅仅是研究心灵的工具，经过正确编程的计算机本身就是一个心灵。他一方面承认"弱 AI"的实现及其可用性，另一方面通过"中文房间"的思维实验（图 6-1）否定了"强 AI"的可行性。

图6-1 "中文房间"思维实验

塞尔所说的"中文房间"，就是指在一个房间里，有一个人能听懂英文，但听不懂中文。房间外面的人对房间里面的人提出一个中文问题。对房间里面的人来说，中文只是一个符号的罗列，但他会按照英文提示的规则把中文问题作为符号处理，然后用中文写出答案交给外面的人。在这个思维实验中，我们会发现，一个不知道中文问题或答案意思的人看起来就像是理解了中文意思一样。

同理，计算机程序可以像人类一样处理符号，但和房间里的人一样不知道其中的意义。塞尔认为，人类的心灵赋予符号以意义，并主张无法制造出寄宿心灵和精神的"强 AI"。

对于塞尔的这一观点，既有赞同的声音，也有反驳的声音。拥有精神和自由意志的"强 AI"能否实现，至今还没有定论。

"强 AI" 会毁灭世界吗？

虽然"强 AI"在可行性上存在争议，但不免有人会担心人类会不会因为有意志的"强 AI"而被毁灭。他们将电影《终结者》中的世界套在了"强 AI"机器人身上。

而知名人士对 AI 进化的担忧则加重了人们的担心。2018年去世的英国宇宙物理学家斯蒂芬·威廉·霍金（Stephen William Hawking）博士一直在对 AI 开发发出警告，他曾在 2014 年接受 BBC 采访时表示："如果能够开发出完整的人工智能，那可能意味着人类的终结。"此外，特斯拉（Tesla）和美国太空探索技术公司（SpaceX）CEO 埃隆·马斯克（Elon Musk）在出席麻省理工学院航空航天系 100 周年纪念活动时也谈到了 AI 的危险性，并提醒大家应该在全球层面谨慎讨论。他说："对待人工智能需要相当谨慎，因为我们可能是在召唤恶魔。召唤恶魔的人确信可以操纵恶魔，但最终是做不到的。"

这样的言论引起了 AI 专家的反驳。DeepMind 的 Demis Hazabis 在思考人工智能的伦理运用和危险性的同时，也对这些非专业的知名人士无端煽动舆论的行为提出了忠告。

那么，其他 AI 专家是怎么想的呢？2014 年，牛津大学的研究人员文森特·穆勒和尼克·博斯特罗姆面向 AI 专家就人类级别的人工智能何时能够实现进行了一项问卷调查。这里的人类级别人工智能被定义为"能够完成人类所能完成的所有工作，且完成质量与人类无异"，因此，我们可以认为它指的是与"通用人工智能"同等的东西。

结果显示，被调查者认为2040—2045年实现的可能性为50%，2070—2075年实现的可能性为90%。此外，在AI是否会给人类带来好处的问题上，超过一半的人表示会产生极好或好的影响，这一数字远高于选择预期会带来不良或极坏影响的20%的数字。这个问卷调查设定的不是"强AI"而是"通用人工智能"，但可以看出担心AI的进化会带来不良影响的专家还是很少的。

6.2 AI是否会超越人类智慧：奇点

Basics and
new trends
of AI

如果拥有与人类相同智能和意志的"强AI"可以实现，那么2045年将实现超越全人类智能总和的"超人工智能"，届时人类将迎来技术奇点。

什么是奇点

奇点是数学和物理学中使用的术语，通常是世界标准不适用的点的总称。宇宙中存在的黑洞是一个天体，由其高密度和大质量带来的强大重力，不仅物质无法逃脱，甚至连光都无法逃脱。人们认为黑洞有一个"重力奇点"，密度、重力都是无穷大的。在"重力奇点"中，时空也会无限弯曲，我们生活的正常世界中的时间和空间标准都无法适用。

将奇点的想法带入技术进步的世界并最早传播"技术奇点"这一概念的是数学家兼作家弗诺·文奇（Vernor Vinge）。1993年，文奇在《科学的技术独创性》（*The Coming Technological Singularity*）中写道："即将到来的技术奇点使新的超级智能不断升级，以技术上无法理解的速度进化，人类的时代结束了。"现在，如果在 AI 语境中谈到奇点，指的就是这个"技术奇点"。

奇点和"技术奇点"的概念在 20 多年前就有了，但当时人们并不认为它在近期会实现。最近几年，随着 AI 性能的迅速提高，再次引发了人们对奇点可行性的关注。未来学家雷·库兹韦尔（Ray Kurzweil）2005 年完成的名为《后人类的诞生》一书，推动了人们对奇点的兴趣。库兹韦尔在其著作中写道："到 21 世纪 40 年代中期，1000 美元能买到的计算能力将达到 10^{26}cps（cps 是每秒的计算次数），一年中创造的智能将比今天人类所有的智能强大约 10 亿倍。"因此，我们预计 2045年将出现一个奇点，将从根本上颠覆人类的能力。

技术的指数级演进成就了奇点

库兹韦尔的预测基于的是收获加速定律。收获加速定律是指在技术进步的过程中，其性能不是以线性方式而是以指数方式增长的定律。在计算机性能的改进等许多与信息相关的技术中都有这种现象，其中最著名的就是摩尔定律（图6-2）。我们知道，根据摩尔定律，集成电路中使用的晶体管数量每18个月就会增加1倍。随着半导体的高度集成化，计算机的处理性能也在不断提高。

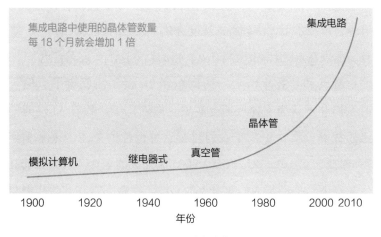

图 6-2　摩尔定律

注：该图出自野村综合研究所。

库兹韦尔认为，技术之所以能以指数级的速度增长，是因为"进化是为了产生正反馈"。也就是说，技术进化到某一阶段获得的强大方法会被用来创造下一阶段的进步。因此，实现下一次进步的时间会缩短，创新会加快这一速度。

库兹韦尔根据收获加速定律预测奇点将在2045年到来。

他认为奇点的实现要素大致分为两个：一个是能够在计算机上再现大脑功能的技术，另一个是使计算机能够模拟大脑功能的指数级性能增长。

在这两种功能中，计算机的指数级性能增长实现的可能性很大。近年来，半导体精细化已接近极限，摩尔定律开始蒙上阴影。然而，由于并行处理技术等原因，AI 使用的专用处理器性能目前仍在不断提升。

但是，在计算机上复制大脑功能的技术还没有建立起来。深度学习使用的是人工神经元，即通过人工模拟大脑中神经元的运动，但它并没有对整个大脑的功能进行建模。库兹韦尔试图对大脑进行逆向工程，以还原大脑功能。逆向工程是一种通过对硬件和软件进行分解分析来了解工作原理和制造方法的方法。

要真正做到大脑的逆向工程，需要几个步骤。首先，我们需要详细了解大脑内部构造。其次，还要对它建模，最终模拟出大脑的每个区域。库兹韦尔表示，这些技术将在 2029 年投入使用，并能够在计算机上复制人类的知识和意识。为了实现这个想法，库兹韦尔现在正在 Google 开展大脑新皮层的计算机模拟项目。

欧美推进大脑研究项目

当库兹韦尔第一次提出奇点的想法时，大脑逆向工程的想法被认为太疯狂了，并不被人们所接受。然而，自 2010 年以来，在欧洲和美国政府的领导下开始了一项以阐明大脑功能为目标的计划，这一计划被视为一个与"阿波罗计划[⊖]"和"人类基因组计划[⊖]"相媲美的巨大科学项目。在美国，奥巴马总统于 2013 年 4 月 2 日宣布了进行 BRAIN itiative，同年欧盟也启动了人脑计划（Human Brain Project，HBP）。这些研究旨在解开大脑的结构和活动机制，未来有望将其成果用于构建大脑的完整计算机模型等。现在，弄清大脑机能和 AI 已经是两个密不可分的研究领域了。

在人脑计划的子项目 SpiNNaker 中，曼彻斯特大学正在推动专门用于大脑模拟的系统的开发。该项目是神经科学家、计算机科学家和机器人工程师的研究工具，适用于实时大规模神经网络的模拟，为高性能的大规模并行处理提供了一个平台。

该项目目前已经开发了一个配备了大约 10 万个 ARM 处理器核心的系统，可以实现与老鼠大脑规模相当的神经网络。未来，将通过 100 万个 ARM 处理器核心构建一个能够实现对 10 亿个神经细胞组成的神经网络进行实时模拟的系统，这个数字相当于人类大脑的规模。

关于 2045 年是否会发生奇点的讨论还没有得出结论，但是实现奇点的研究和开发正在以各种形式进行着。

⊖　阿波罗计划：美国国家航空航天局（NASA）载人登月计划。
⊖　人类基因组计划：分析人类基因组全碱基序列的国际计划。

6.3

AI 会夺走我们的工作吗：
AI 和未来的就业

随着 AI 的进化，越来越多的人担心它会对就业产生影响。关于 AI、机器人和就业的研究结果显示，那些以往被认为是难以被机器替代的职业也将受到影响。

49% 的就业岗位可替代？

2015 年 12 月，野村综合研究所与英国牛津大学的迈克尔 A. 奥斯本副教授和卡尔·本尼迪克特·弗雷博士进行了联合研究，对日本国内 601 种职业分别被 AI 和机器人等替代的概率进行估算（图 6-3）。结果显示，10~20 年后，日本约 49% 的劳动人口所从事的职业可能被 AI、机器人等技术所取代。

这一研究结果中有两个值得注意的地方。其一是以往计算机难以替代的白领工作将被逐步替代。另一个是律师、司法书士等高收入职业被替代的可能性较强。

这些职业需要高度的专业知识，通常很难通过计算机实现自动化，其中一些相对程式化的工作被计算机替代的可能性预计有所增加。

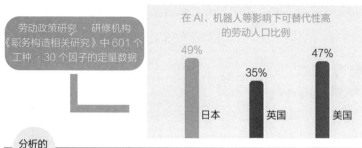

图 6-3　英国牛津大学和野村综合研究所的研究结果

　　具体来说，银行柜员、收银员、专利代理人、司法书士等被机器取代的可能性较高，而教师、医生、设计师等被机器取代的风险较低。

　　此外，在日本与美国、英国的比较中，日本的可替代比例超过了其他两国。造成这一现象的原因可能是日本引进尖端技术较晚，导致劳动生产率较低，从事可替代工作的人较多。此外，调查还发现，易于自动化工作与难以自动化工作的区别在于是否包含"创造力[⊖]"和"社交智力[⊖]"这两个要素，美国过

　　　⊖　创造力：艺术、历史学、考古学、哲学和神学等职业所需要的整理和创造抽象概念的能力。

　　　⊜　社交智力（社会智力）：在人类之间的相互关系中，以共情的方式读取他人情感并采取行动的能力。在需要与他人协调、理解他人、说服他人、协商、服务的职业中是必要的。

去十年新产生的职业中，大多包含这两个要素。

对未来就业状况的预测

野村综合研究所和奥斯本副教授的研究是一个让我们思考技术进展和雇用未来的契机，但不能否认 49% 的数字确实冲击很大。但这个数字表示的只是技术替代的可能性，没有考虑引进技术所需的成本以及法律制度缺陷等需要面临的障碍。

因此，真正被替代的劳动人口会更少。另外，由于只提到了被技术替代的可能性，而没有定量地提出新职业所能创造的就业岗位，很多人认为调查结果就像产生了 49% 的失业者一样。

然而，在这项研究的推动下，许多研究人员和咨询公司开始调查技术与就业之间的关系，并在未来就业预测方面获得了更多的知识和见解。

日本独立行政法人经济产业研究所（RIETI）也于 2018 年发布了《人工智能等对就业的影响：日本的实际情况》报告。该报告指出，许多调查呈现出了以下类似结果。其一，中等技能水平的就业岗位流失，而低技能水平和高技能水平的就业岗位往往会增加。其二，与野村综合研究所的研究结果一样，技术所替代的就业技能层次将更高，具有高度专业性的职业可替代性将有所增加。

此外，工作岗位虽会流失，但也会增加，因为在不断增长的新商业模式下，其周边行业的工作岗位也会增加。需要注意的是，必须发挥再教育机制的作用，这样才能适应新出现的职业。

AI 演进带来的未来风险

目前，在未来 10 ~ 20 年的时间内，人工智能和机器人对就业的影响是有限的。但随着技术的进步，在更远的未来它对就业的影响可能将会更大。

例如，如果自然语言处理的能力提高，AI 能够像人一样去理解语言，那么 AI 就可以从现有的文档中自动获取和整理知识。此外，AI 可能获得更高的沟通能力，这将使目前白领正在担任的许多工作能够以较低的成本实现机械化。

此外，如果实现了"通用人工智能"，就业将发生急剧变化。研究 AI 与经济关系的驹泽大学经济学部的井上智洋老师认为，比起对奇点的担忧，在那之前实现的"通用人工智能"所带来的"技术性失业"和对经济增长的影响更需要受到重视。

"技术性失业"是一个经济学术语，指引进新技术所带来的失业。一般来说，"技术性失业"是暂时性的问题，就业是会恢复的。这是因为，导致"技术性失业"的创新会创造出新的产业和职业，因此失去工作的劳动者可以跳槽到其他行业和企业。前面介绍过，现在预测的对未来 10 ~ 20 年就业的预估与这种情况相吻合。

但是，当"通用人工智能"出现时，它对就业的影响就会彻底改变。"通用人工智能"可以像人类一样自行学习，替代各种智能工作，这在技术上是可行的。其结果就是，新创造出来的岗位也会被"通用人工智能"夺走，对于人类来说，可能将没有新的就业岗位。当然，即使在技术上实现了"通用人工智能"，也不能保证其使用所带来的监管和伦理等问题都能得到解决。因此，根据业务内容和使用场景的不同，AI 的使用将受到限制，需要与人共同工作也是理所当然的。

另外，即使实现了作为大脑的"通用人工智能"，如果没有身体，其也无法代替人类用手脚进行的工作。"通用人工智能"和躯体的实现还需要 20 年以上的时间，但是这样的时代终将是会到来的。人类有必要认识到，今后我们要面临的是一个需要与 AI 和机器人共生的、在保护就业的同时探索提高生产力方法的时代。

6.4

Basics and
new trends
of AI

企业需要的 AI 人才是什么：
创造企业未来的 AI 人才

AI 将对企业创造新业务和提高生产力产生重大影响，因此各大企业开始在全球范围内引进 AI 人才。如何使用 AI 将决定企业的未来，人才问题成为迫在眉睫的课题。

国际会议成了中美的独角戏

2016 年，日本文部科学省科学技术·学术政策研究所统计了 AI 相关学会上各国报告发表的数量，对各国的存在感进行了评估。具体来说，根据著名的人工智能国际会议——美国人工智能协会（Association for the Advancement of Artificial Intelligence，AAAI）、智能体及多智能体系统协会（Autonomous Agents and Multi-Agent Systems，AAMAS）和知识发现与数据挖掘大会（International Conference on Knowledge Discovery and Data Mining，KDD）在 2010—2015 年的会议记录，统计了主要国家的报告发表数量，对每个国家的存在感（参与度）进行了评估。

调查结果表明，美国和中国拥有压倒性的存在感，而日本的存在感却相当低。在最权威的美国人工智能协会国际会议上，最近几年来自美国和中国的报告数量激增。2015 年，美国大学和企业发表的论文最多，为 326 篇（48.4%）；其次是中国，为 138 篇（20.5%）。这两个国家发表的论文约占总数的 70%。日本的排名是第 8，发表数量仅为 20 篇（3%）。

笔者也曾多次参加国内外 AI 相关的会议，对这一调查结果有切身感受。如果再加上发表报告的内容，那么会场中中国的存在感可能比调查结果更大。这是因为，即使所属机构是美国的 IT 企业或大学，但报告人也大多是华裔研究人员。事实上，在发布报告的研究人员中，有将近一半的人看起来像是华裔。

企业 AI 人才严重短缺

日本企业的 AI 人才短缺带来的是比研究人员在国际上存在感不高更为严重的问题。现在的 AI 技术大致可分为两种，一种是通过大数据处理进行分析和预测的"成人 AI"，另一种是通过深度感知实现的使用识别和运动能力的"儿童 AI"。要使用"成人 AI"进行分析，需要的是数据科学家那样的人才。遗憾的是，很多日本企业，别说是"儿童 AI"方面的人才，就连"成人 AI"方面的数据科学家都没有。而在国外的公司，数据科学家是一个常见的职业。在笔者最近参加的几个海外商务类 AI 会议上，用户案例的演讲者大多是拥有数据科学家头衔的人。此外，在这些会议中，1/3 的参与者是数据科学家，剩余的人中通常是业务人员和 IT 人员各占一半。在数据科学家人才上，日本和海外存在着很大的差异。

日本企业中数据科学家较少的原因有几个。首先，日本企业将大部分 IT 相关业务委托给供应商，而欧美企业则是在企业内部处理这些业务。但更根源的原因是在大学接受过专业教育的人数不同。根据麦肯锡对在大学中接受过深度分析教育的学生人数的调查结果，美国这一数字约为 25000 人，而日本只有 3400 人。目前我们尚不清楚这是作为供给方的大学的问题，还是企业需求不明显的原因，但大学的人才供给不足确实给"儿童 AI"的应用蒙上了一层阴影。

"成人 AI"和"儿童 AI"都是通过统计、概率等数学和以这些为基础的机器学习等技术制造出来的。因此，与"成人 AI"一样，关于"儿童 AI"，日本大学的人才培养与美国等相比也是相形见绌。

日本和欧美在人才招聘上同样存在差异。在国外，国际会议在企业的人才招聘活动中扮演着重要角色。在全球顶级研究人员齐聚一堂的国际会议现场，Google、Facebook 等互联网公司、金融机构等都设有招聘展位。这些企业作为学会的赞助者，在为其提供资金支持的同时，通过招聘的形式为企业自身赢得了实际利益。日本企业也不能只关注国内，而是应该缩小与国外学术界间的距离，以实现人才的引进。

日本企业需要什么样的 AI 人才

企业推动 AI 应用需要两类人才。

第一类人才是了解各种 AI 技术特性并能将它们应用于商业的人才。在欧美，商业头脑敏锐的数据科学家是最重要的人才，他们凭借着对新 AI 技术的了解发挥着重要的作用。在这些国家，许多公司不仅拥有人工智能技术，而且拥有 IT 人才。这些 IT 人才利用人工智能和 IoT 等先进技术，推动着公司的数字化转型（DX）[⊖]。

但在日本，很多企业没有 DX 人才，需要依赖外部资源。这种情况在面向公司的调查结果中也有所体现，"对 AI 的理解不足"是 AI 的首要课题（图 6-4）。

在公司内部培养出能够理解公司面临的挑战并能够创建适当解决方案的人员是必不可少的，但这需要时间。还有一个次优选项，那就是调查海外的 AI 商业案例，选用能够适应日本和本公司环境的人才。

第二类人才是 AI 开发人才。AI 开发人才从创造新的理论到使用工具实现 AI 的过程大致可以分为三个阶段，如图 6-5 所示。

⊖　数字化转型（DX）：利用 AI 等先进 IT 对业务进行改革。

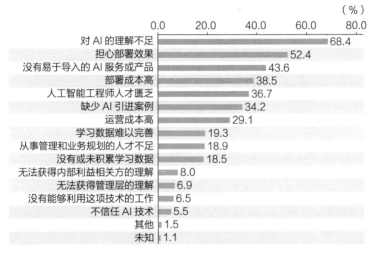

图 6-4　AI 相关课题

注：该图来源于信息处理推进机构 AI 社会实装推进调查报告书。

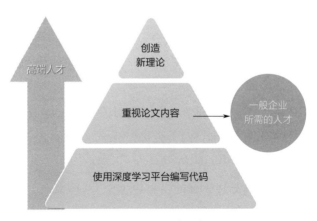

图 6-5　AI 开发人才

公司特别需要的是能够随时查看最新论文，并将前沿技术先于其他公司应用于产品和服务的工程师。现在，与 AI 相关的技术每天都以大量论文的形式公开，Google 等公司的前沿研究成果在日本也很容易获取。不过，理解最新论文所需的数学知识也在不断升级，未来的 AI 人才需要更多的数学素养。

AI 等尖端技术的使用将在很大程度上决定企业的未来。因此，AI 人才问题将成为企业面临的管理挑战的重要主题之一。企业必须从引进和培养两方面来增强 AI 人才储备。

6.5　AI 提高了人的能力：AI 赋能

人们认为 AI 能够扩展人类的能力，而非取代人类。我们已经开始尝试在计算机和人的合作中发挥各自的优势，来获得更好的成果。

人工智能和增强智能

人工智能（Artificial Intelligence）被认为未来可以代替人类，而增强智能（Augmented Intelligence）（图 6-6）则是一种将 AI 视为必要技术加以运用的、以人类为中心的技术，比如说能够帮助律师从大量材料中找到证据的系统。一个人一天能确认的资料是有限的，而且资料大多是由自然句等构成的非结构数据，即使使用 AI 也无法完全捕捉到文章中细微的差别，此时计算机只不过是证明了证据存在的可能性而已。

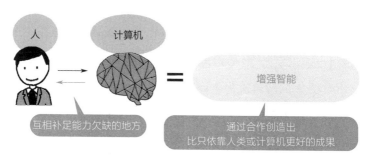

图 6-6　Augmented Intelligence 概念图

这种情况下，计算机可以缩小范围，找出疑似证据，再由律师进行最终确认，从而让材料的搜集工作更富成效。通过增强智能，可以充分利用彼此的优势，从而获得比个人工作或计算机单机工作更好的结果。

增强智能为何受到关注

增强智能近年来备受关注的背后，与 AI 和计算机的进化有关。随着深度学习等技术的出现，AI 得到了发展，计算机能够分析处理的数据已经扩展到了照片和文章等非结构化数据。

此外，随着计算机的提速和云计算的普及，现在已经可以处理海量的数据。因此，计算机已经开始用于以前从未涉及的工作，例如前面帮助律师寻找证据的例子。

语音、虚拟现实（VR）、增强现实（AR）、混合现实（MRR）和手势等用户界面的发展，也使得人和计算机能够比以往任何时候都更好地相互协作。

在法律业务中的应用

位于美国帕洛阿尔托的初创公司 Ross Intelligence 开发的"ROSS"是世界上首个 AI 法律助理。ROSS 于 2016 年被美国大型律师事务所 Baker & Hostetler 引进。ROSS 是基于 IBM Watson 技术开发的，它学习了大量的法律文件，比如过去的案例。ROSS 在 Baker & Hostetler 主要负责破产事务，能够根据具体情况为客户寻找可供参考的案例。律师能够像与人交谈一样和 ROSS 进行对话，对 ROSS 提供的参考案例和证据进行确认。这将减少律师进行基本辩护调查所需的时间，从而用更多的时间去聆听和制订针对更高附加值客户的策略。

与诉讼准备一样，AI 今后还在合同撰写等工作中大放异彩。以色列初创公司 Legalogic 开发了一款名为"LawGeex"的解决方案，该解决方案就公司法律方面的专业术语和独特的措辞等学习了 6 万多份真实合同。

LawGeex 是一项通过 AI 来审查和修改合同的服务。该公司使用了 5 份保密协议样本测试了其性能。具体而言，20 名经手过大型公司案件的律师参与了此项测试，对他们发现的故意嵌入文档中的缺陷（风险）数量进行评估。律师平均能够发现85%的缺陷，即使是表现最好的律师，也只发现了94%的缺陷。另外，律师平均需要92分钟的时间，而LawGeex在短短26秒内就获得了94%的结果，和表现最好的律师一样。尽管合同的最终检查环节必须由司法书士或律师等专业人员完成，但像LawGeex这种服务可以大大提高工作效率。

配送路线也是人与AI的合作优化

美国运输巨头UPS在2010年左右为优化运输路线引入了"道路综合优化与导航研究（On-Road Integrated Optimization and Navigation，ORION）"系统（图6-7）。ORION通过分析过去几年的送货路线以及送货时的货物类型和地址等数据，能够给出一条推荐路线。但是，该数据并不包括天气条件和当时道路拥堵情况等详细信息。ORION给出的路线可能不一定适合送货当天的道路状况，因此，驾驶员会参考ORION建议的路线并根据自己的经验进行调整来设计实际的配送路线。ORION基于的是计算机和人类协作的Augmented Intelligence系统，计算机提出一条推荐路线，驾驶员再根据自身对区域内道路拥挤情况的了解对路线进行进一步优化。

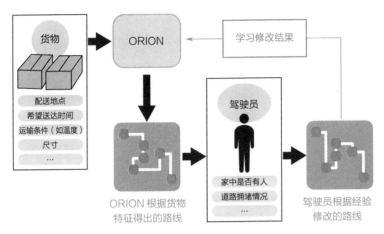

图 6-7　ORION 系统

ORION 已经在美国全国使用，2017 年减少了 10 万吨的 CO_2 排放，效果显著。今后，德国、英国和加拿大也将引进这一系统。

朝着视觉、听觉和肉体扩展

人们开始尝试将像摄像头等传感器以及机器人等机器与 AI 相结合，以此来弥补和增强身体的功能。例如，Microsoft 正在进行一项辅助功能研究，以确保即使身体存在听觉和视觉等方面的限制，也能够使用其操作系统。

作为这项研究的一环而诞生的就是智能手机应用程序"Seeing AI"。相机捕捉到的文档可以通过语音进行朗读，还能用语言对场景进行描述。计算机成为人的眼睛，补充了视觉。此外，Skype 提供的语音呼叫服务内置了实时翻译功能，允许用户使用彼此的母语进行对话。在日常使用的设备和服务中加入 AI 后，人们甚至可以超越语言的障碍。

肉体扩展的案例包括辅助手臂和腰腿肌肉的穿戴式机器人，在日本称为辅助服，在国外也称为外骨骼。随着身体的运动，机器人也会随之移动，这样就可以举起重物，还能减轻行走时的疲劳。世界各地都在进行着此类的研究和开发，有能够捕捉和控制肌肉中流动的微弱电流的，还有能够通过 AI 预测和辅助人运动的。

今后，随着小型化、轻量化的实践，如果将来穿戴式机器人能像我们穿衣服一样方便，那它不仅能够用于工厂和建筑工地，还能够用来提高老年人的生活质量。

AI 赋能的未来

增强智能是指将 AI 看作是与人共生、激发人能力的伙伴（合作者），而不将其看作是人的替代和威胁。AI 对大量数据进行了高速分析，现如今图像识别在某些场景下已经超越了人的识别能力，但要想拥有人所具有的"伦理观"和"常识"，还是很难做到的。

当前，人们在确定 AI 的使用方法和效果的同时，将 AI 融入了我们的社会生活。从这个观点来看，可以认为 AI 是一个提高人类能力、推动社会进步的有效手段。以麻省理工学院的媒体实验室为中心，美国电气与电子工程师协会（Institute of Electrical and Electronics Engineers，IEEE）于 2018 年成立了一个关于人的能力扩展的世界审议会 "Global Council on Extended Intelligence"。这个平台提高了 AI 在国际的关注度，关于 AI 赋能的讨论将会比以往任何时候都更加活跃。

附录

AI 领域鸟瞰图 我们对本书介绍的公司、服务、解决方案、软件和概念进行了分类和归纳，您可以通过这张图来了解 AI 的全貌

汽车

| Audi | NVIDIA | Daimler | 滴滴出行 |
| Waymo | Mobileye | 3DSignals | AEye |

电商、零售

| Amazon | Ocado |
| 京东 | Fellow Robots |

娱乐、体育

| Netflix | SAP |
| Walt Disney | |

建筑

| Skycatch |
| Autodesk | AI Build |

农业

| Blue River Technology |
| Bosch | Infarm |

AI 部件

语音识别	语音合成
图像识别	文字识别
对话处理	语言模型

算法

| CNN |
| DNN | RL | GAN |

分析

DataRobot

H2O.ai

Feature Labs

Predix

AI 平台※

Cloud AI	Azure AI
Cloud Auto ML	Cognitive Services
Cloud TPU	Azure Machine Learning
Cloud Machine Learning Engine	

AI 库、框架

| ONNX | Scikit-learn | cuDNN |
| PyTorch | Keras | TensorFlow | CNTK |

EDGE、移动电话

| 推理 AI 芯片 | NVIDIA |
| Apple | 华为 |

内部部署

| GPU | NVIDIA |

※选取的是各供应商的代表性产品